国家航天局新闻宣传中心 官方指导

冲破天穹

追星星的五千年

军工宏图　总策划
灌木文化　著/绘

中国少年儿童新闻出版总社
中国少年儿童出版社
北京

图书在版编目（CIP）数据

冲破天穹 / 灌木文化著绘. -- 北京 ：中国少年儿童出版社，2025.4. --（追星星的五千年）. -- ISBN 978-7-5148-9614-5

Ⅰ．N092-49

中国国家版本馆 CIP 数据核字第 2025HV0127 号

CHONGPO TIANQIONG
（追星星的五千年）

| 出版发行： | 中国少年儿童新闻出版总社 中国少年儿童出版社 |

执行出版人：马兴民
责任出版人：缪　惟

丛书策划：唐威丽　陈白云	责任校对：杨　雪
责任编辑：陈白云	责任印务：厉　静
装帧设计：杨晓霞	

社　　址：北京市朝阳区建国门外大街丙 12 号	邮政编码：100022
编 辑 部：010-57526320	总 编 室：010-57526070
发 行 部：010-57526568	官方网址：www.ccppg.cn

印刷：北京中科印刷有限公司

开本：787mm×1092mm　1/16	印张：6
版次：2025 年 4 月第 1 版	印次：2025 年 4 月第 1 次印刷
字数：26 千字	印数：1-8000 册
ISBN 978-7-5148-9614-5	定价：49.80 元

图书出版质量投诉电话：010-57526069　电子邮箱：cbzlts@ccppg.com.cn

版权所有 侵权必究

序

亲爱的小朋友们，你们好！从盘古开天、女娲补天到夸父逐日、嫦娥奔月，中华民族对于宇宙万物由何起源的好奇、对于浩瀚星空的浪漫遐想，指引着千百年来的科学家们去探索、去发现。

在古代，万户尝试乘着火箭奔向天空，张衡改进"浑天仪"模拟天体运行，郭守敬等科学家通过天文观测和研究编制《授时历》……到了现代，在中国航天叔叔阿姨们的努力下，天问一号近距离观察了火星，羲和号去探寻太阳奥秘，天舟遨游星河，嫦娥六号采回了人类首份月背样品。也许你们认为，航天事业可能像用望远镜看到的星云一样神秘，充满了密密麻麻的数据、复杂的物理公式，好像离我们的生活特别遥远。但当北斗卫星为迷路的渔船点亮归途，风云气象卫星在台风来临前敲响预警之钟，航天又早已融入了我们的日常生活。

为了让小朋友们能够了解到最新、最准确，还好玩、易懂的航天知识，我们推出了"追星星的五千年"系列丛书。这套书把科学知识、有趣的故事放在一起，让大家既能知道古代的中国人怎样研究星空、通过太阳、月亮的变化来定时间、分节气，春耕秋收辛勤劳作；又能了解现代航天人怎样发射火箭，探索星空，不断加深人类文明对未知宇宙的认识。让小朋友们脑袋里的航天科学知识越来

越多，对中国航天事业越来越了解，对中华民族取得的现代科技成就越来越自豪。

在这套书里，头顶两颗星球头饰、留着俏皮波波头的"百变追星女孩"航小梦，遇见了来自元朝的天文学家、数学家、水利专家郭守敬爷爷。郭守敬爷爷会给航小梦讲古代人是怎么看星星、看月亮，怎么根据太阳、月亮的变化来确定节气；航小梦也会带着郭守敬爷爷去探究现代的火箭是怎么造出来、怎么发射的，体验空间站里航天员叔叔阿姨的一天，并踏上奔赴月宫和更多更远行星的科学冒险旅程。

看完这套书，航小梦与郭守敬爷爷的故事虽然告一段落，但小朋友们的航天故事才刚刚开始！未来最精彩的航天故事，正等着小朋友们带着好奇、勇气和毅力去写呢！说不定在地球的某个小窗台前，你们对星空的想象，就是古人期待几千年的答案！

国家航天局新闻宣传中心

郭守敬

身份：元朝著名科学家。理工科的"六边形战士"，精通天文学、数学。

成就：他改进了简仪，造了四丈高的圭表测日影，编订了《授时历》，还主持开凿了通惠河。月球上有一座环形山就以他的名字命名。

个性：喜欢创新，不守旧。喜欢听别人夸自己。

航小梦

身份：行走的"航天小专家"，喜欢太空探险，是真正的"追星女孩"。

成就：中国国家航天局的官方卡通形象，曾跟随运载火箭一起进入过太空。

个性：勇敢智慧、好奇心强，有着中国航天人"探索未知、永不言弃"的精神。

慧小星

身份：航小梦的人工智能的手表。

成就：它能检索知识，还能投影模拟，将使用者身临其境地带入一段时空当中。

口头禅：我说了我不是手表！

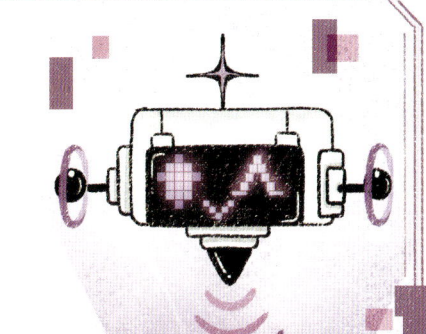

目 录

1   天外来客

6   谁创造了世界？

8   我家的神秘邻居

10   神奇的万有引力

12   宇宙是"炸"出来的

16   飞！冲出大气层

18   火箭就是大"蹿天猴"？

20   谁是最早的火箭发明家？

24   如何造一枚火箭？

28   如何让火箭飞得更远？

- 30 　推动火箭的力量
- 36 　火箭命名学问多
- 40 　这么重的火箭怎么运？
- 42 　我家门口不能发射火箭吗？
- 44 　我国的火箭发射场在哪里？
- 48 　火箭发射观测指南
- 52 　火箭发射的"良辰吉日"
- 62 　火箭还能拐弯？
- 68 　火箭回家：平稳着陆的秘密
- 72 　幕后英雄
- 78 　冲出地球

天外来客

一个宁静的夜晚,郭守敬正在仰望星空,就在这时……

彭!

哎哟，好痛！这是哪里啊？

这里是太史院，你是何人？为何从天而降撞向老夫？

太史院？那不是古代观测天象的地方吗？我为什么在这里？

老夫只记得……

刚才老夫正在观星，然后……

叮——

嗯？这颗星很是奇异，以前从未见过。

嗖！

怎么越来越大了？！

要撞上老夫了……

呃！
我有点儿糊涂了，慧小星，现在是什么时间？
现在是元朝大德七年，也就是公元 1303 年。
谁？谁在说话？快快现身，否则老夫要叫侍卫了！
哈哈，别紧张，这是我的手表发出的声音。
哼，我是 AI 助手慧小星，才不是手表呢！我比那些普通手表可强多了。
!

刚才我在看屈原的《天问》，太难了，看得我昏昏欲睡，难道我穿越了？
真是天降奇人。你从哪儿来的呢？
我叫航小梦，我来自……大约七百年后的世界。至于我是怎么来的嘛，我也不知道……等等，我要是穿越了，就能找到屈原了吧？
不好意思，打断一下：屈原生活在战国时代，现在离战国有一千五百多年，而据我所知，人类最长寿命只有一百多岁……
完了！现在离战国时代远着呢，我怎么去见屈原，问他关于天文的问题啊……
老夫对天文也略知一二，有什么问题不妨问问我啊。
咳——

快问我！

快问我！

快问我！

嗯……还是算了吧，我想找的是屈原。

自信满满

你该不会不知道太史令是干什么的吧？

太史令是古代掌管天文与编写史书的最高官员。

您就是大名鼎鼎的天文学家郭守敬啊！快给我讲讲古人眼中的世界是什么样的吧。

我在后世这么有名吗？呵呵。那么，我来解答你的问题。

哇！

谁创造了世界？

传说，很久很久以前，天地连接在一起，一片黑暗。有个叫盘古的巨人，在沉睡了一万八千年后苏醒过来。他拿起斧子，朝眼前的黑暗劈了过去，上面的部分变成了天，下面的部分变成了地。

盘古呼出的气息变成了风，他的声音变成了雷，他的双眼变成了太阳和月亮，他的血液变成了江河，他的汗变成了雨露……世界就这样形成了。

> 盘古开天地是古人最初对天地宇宙的想象。后来，我们对世界的样貌有了新的认识。

盖天说

人们想象，天是一个半圆形的盖子，盖在方形的地面之上，即天圆地方。

浑天说

东汉天文学家张衡认为世界像一个鸡蛋，大地就像蛋黄，被包裹在天空之中。

宣夜说

有人觉得，日月星辰都是悬浮着的，它们围绕着一个中心转动。

哇，宣夜说描绘的世界已经和真实的宇宙很像了。

那你说说"真实的宇宙"是什么样的？

我家的神秘邻居

地球
我们脚下的星球叫作地球，是非常适宜人类居住的星球。

月球
月球离我们最近，就像保护地球的侍卫一样，因此，月球被称为地球的卫星。

水星
水星是太阳系中离太阳最近、最小的一颗行星，虽然名叫水星，却一滴水都没有。

太阳
太阳是一个不断发光发热的大火球，它能给地球输送光和热。

金星
金星的大小和地球差不多，它不仅是太阳系中最热的行星，还会下酸雨。

土星

土星是太阳系中最美的行星，周围有无数冰粒组成的行星环。

海王星

海王星是太阳系中距离太阳最远，也是最暗、公转速度最慢的行星。

天王星

天王星的自转轴线是倾斜的，从太空中看，它好像在躺着公转。

木星

木星是太阳系中最大的行星，它旋转得非常快，看起来有点儿扁，并且表面有恐怖的风暴。

火星

火星是最像地球的行星，因此人们会有"火星人"的猜想。

神奇的万有引力

为什么这些星球都绕着太阳转呢?

吸——引

因为物体之间存在相互吸引力,星球会因为相互的吸引力转起来,所以您跳起来后最终会落到地上,而不是悬浮在空中或者飞到天上去。

放老夫下来。

放开 哎哟

相互……吸引

岂有此理!照你这么说,咱们两个为什么没有吸在一起呢?

因为这种吸引力和物体的质量有关系,质量越大,吸引力就越强。

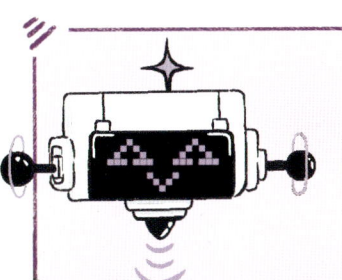

地球的质量大约是 5970000000000000000000000 千克。因为地球非常重,我们才被牢牢地吸引在地球上,这种吸引力也被称为"地心引力"。

你们在用阿拉伯数字吗?老夫也见过,只是有点儿眼花缭乱……

地球和太阳的关系也是如此,而且太阳的质量大约是地球的 33 万倍。因此,地球和其他行星一起围绕着太阳转动。太阳这颗恒星、八颗行星,以及它们周围各种各样的卫星、小行星等,一同组成了我们所在的太阳系。

太阳的质量:2×10^{30} 千克

地球的质量:5.97×10^{24} 千克

宇宙是"炸"出来的

那就是说,太阳是整个宇宙的中心喽?

并不是。

您看这漫天的星星,能够发出光芒让我们看见的,绝大部分都是恒星,很多恒星都有自己的行星、卫星。也就是说,宇宙中有数不清的和太阳系类似的星系。

没想到宇宙竟然如此广阔!

而我们是如此渺小……

大家都要围着太阳转,那太阳是不是不能动?

太阳不仅能动,而且移动得很快呢。

你以为太阳系在安静地转圈圈。

实际上,太阳系边转圈圈边飞速向前。

如果星星都在动,那它们在星象图上的位置怎么不变呢?

这些星星离我们太远,位置的移动几乎可以忽略不计。而宇宙的来历也有很多说法,最著名的就是宇宙大爆炸理论。

哈勃在观察星星的运动状态时,发现遥远的星系在离我们远去。

这引发了他的思考,由此,他猜想最早的宇宙是一团密度很高的炙热物质,然后……

嘭

他猜测宇宙发生过一次巨大的爆炸，各种各样的碎片四散飞出去，这些碎片在飞行的过程中相互吸引，就形成了不同的星球和星系，也就是现在的宇宙。而爆炸的碎片一直在飞离宇宙的中心，这样说来，宇宙一直在不断地膨胀呢。

飞！冲出大气层

> 宇宙如此广阔，我们却被困在这一方土地之上……

唉——

> 别沮丧，我们可以先看看宇宙有什么，然后再想办法"上天"。

散逸层：800 千米以上
韦布望远镜、行星探测器等

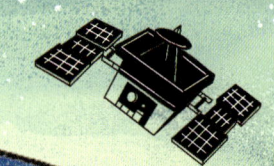

热层：85~800 千米
人造卫星、国际空间站、洲际导弹、极光

中间层：55~85 千米
某些军用飞机

平流层：10~55 千米（中纬度地区）
民航客机、臭氧层

对流层：0~10 千米（中纬度地区）
无人机、热气球、直升机、鸟等

就像跳起来最终会落回地面一样，引力是我们"上天"最大的"敌人"。经过计算，科学家发现了飞向太空要达到的速度。

第一宇宙速度：7.9 千米每秒。飞行器会围绕地球转动，不会落到地面。

第二宇宙速度：11.2 千米每秒。飞行器可以脱离地球的引力场，围绕太阳转动。

第三宇宙速度：16.7 千米每秒。飞行器可以脱离太阳系，飞到太阳系外。

所以，只要飞行速度达到 7.9 千米每秒就能飞到太空。但是想要达到这个速度并非易事。

民航客机：800~1000 千米每小时

高铁：250~350 千米每小时

火箭就是大"蹿天猴"?

这么快,简直不可能。

是啊,这意味着传统动力没有办法满足需求,所以需要更加强大的——反作用力!

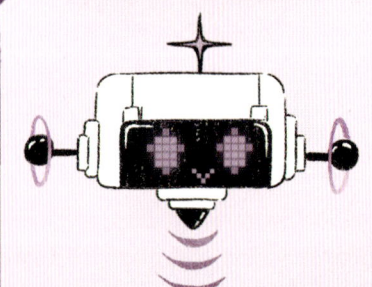

任何力都没法孤立存在。当你向一个物体施加一个力的时候,这个物体也会给你一个大小相等、方向相反且在同一条直线上的力,这就是反作用力。

嘿——

哇! 哇! 哇!

再来一次! 再来一次!

如果有一个飞行器产生的反作用力能大于它本身的重量,不就可以飞起来了?

牛顿

你猜彗小星说的那个科学原理是谁发现的?吼吼。

什么意思?

您玩过"蹿天猴"吗?如果给"蹿天猴"加上更大更结实的外壳,装更多的燃料,做成火箭,它就有可能飞向太空。

谁是最早的火箭发明家?

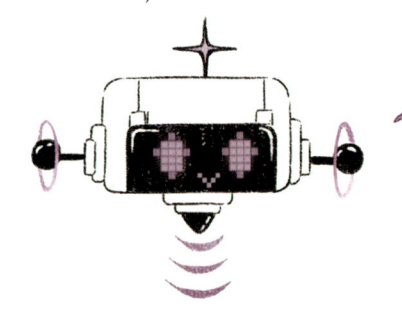

真是精妙,你们还真是聪明啊。

其实火箭能上天,还是来自古人的启发呢。

炼丹炼丹,得道成仙……

叮叮当当——

嗯?

这个小黑丸能爆炸,真是好生厉害。

嘭——

虽然古人炼制丹药时炼丹炉爆炸了,但是他们因祸得福发明了火药,这也是中国影响世界的伟大发明之一,古人也因此发明了一些火箭。

神火飞鸦

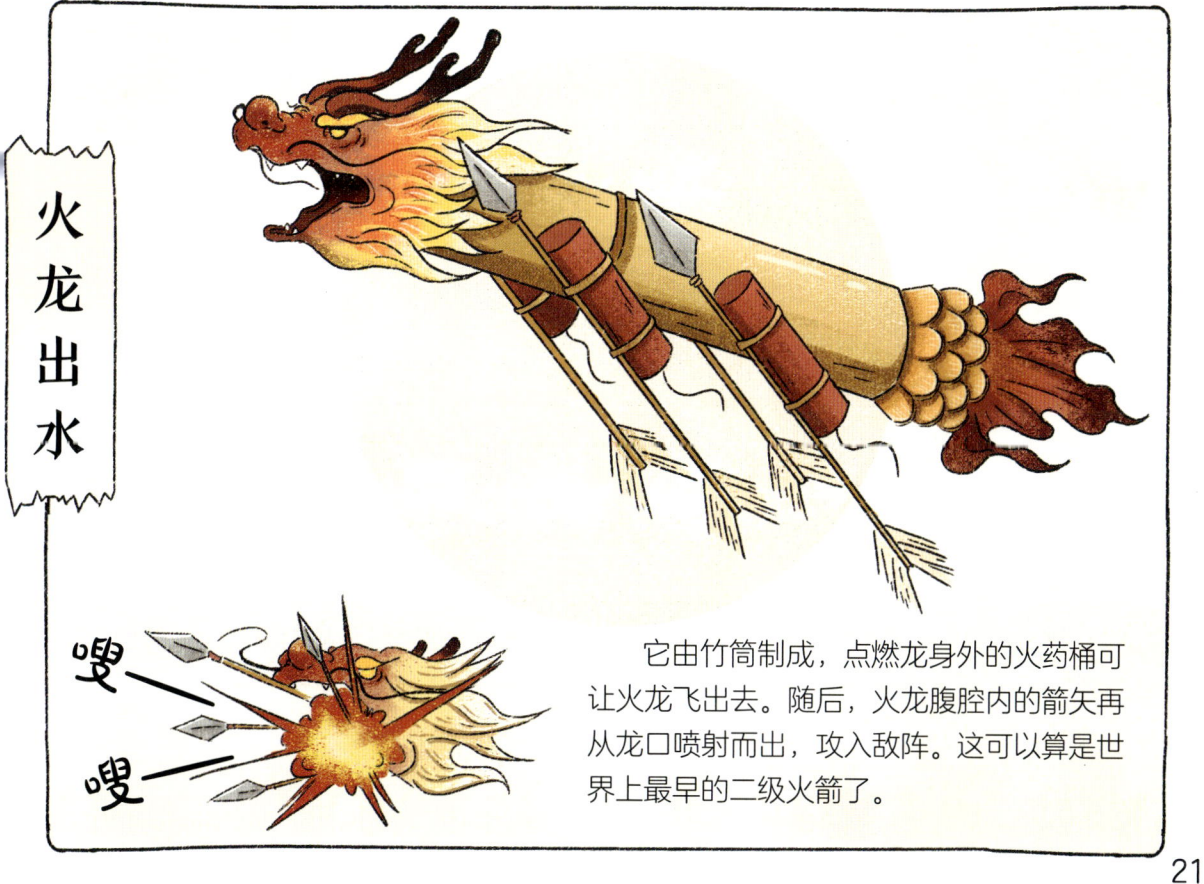

这是一种形状像乌鸦的火箭，内部装满火药，用四支火药桶来推进，可以飞出三百多米，落到敌军中时，就能点燃敌军的营帐或船只。

火龙出水

它由竹筒制成，点燃龙身外的火药桶可让火龙飞出去。随后，火龙腹腔内的箭矢再从龙口喷射而出，攻入敌阵。这可以算是世界上最早的二级火箭了。

明朝有个叫万户的人,他非常渴望上天去看看。于是,他在一把椅子上捆了47枚火箭,手持两只大风筝,希望借助火箭的推力飞上天空。

万户

万户版飞天火箭

这太危险了,倘若飞天不成,性命怕是难保……

飞天,乃是我中华民族千年之梦想。今天,我纵然粉身碎骨,也要为后世闯出一条探天的道路来。你等不必害怕,快来点火!

刺——

出发!

嗖——

我成功啦!

就这样,万户靠着自己的办法飞上了天,然而……

嘭

虽然万户失败了,但他是世界上第一位勇敢飞天的人。为了纪念他,人们把月球背面的一座环形山命名为"万户山"。

如何造一枚火箭？

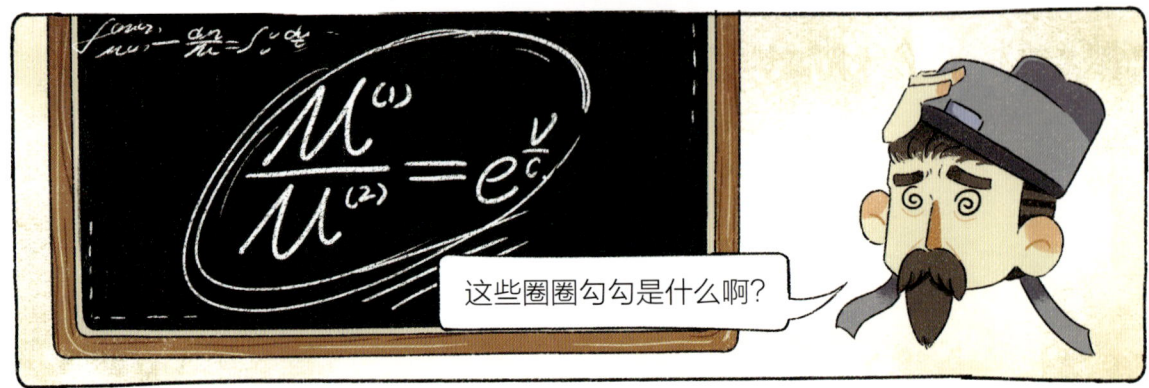

万户这么努力都没成功，火箭上天是不是不行啊？

别急，有人证明了火箭是可以飞上天的！

我带你们去看看吧。全息投影启动！

呼——呼——

$$\frac{M^{(1)}}{M^{(2)}} = e^{\frac{v}{c}}$$

这些圈圈勾勾是什么啊？

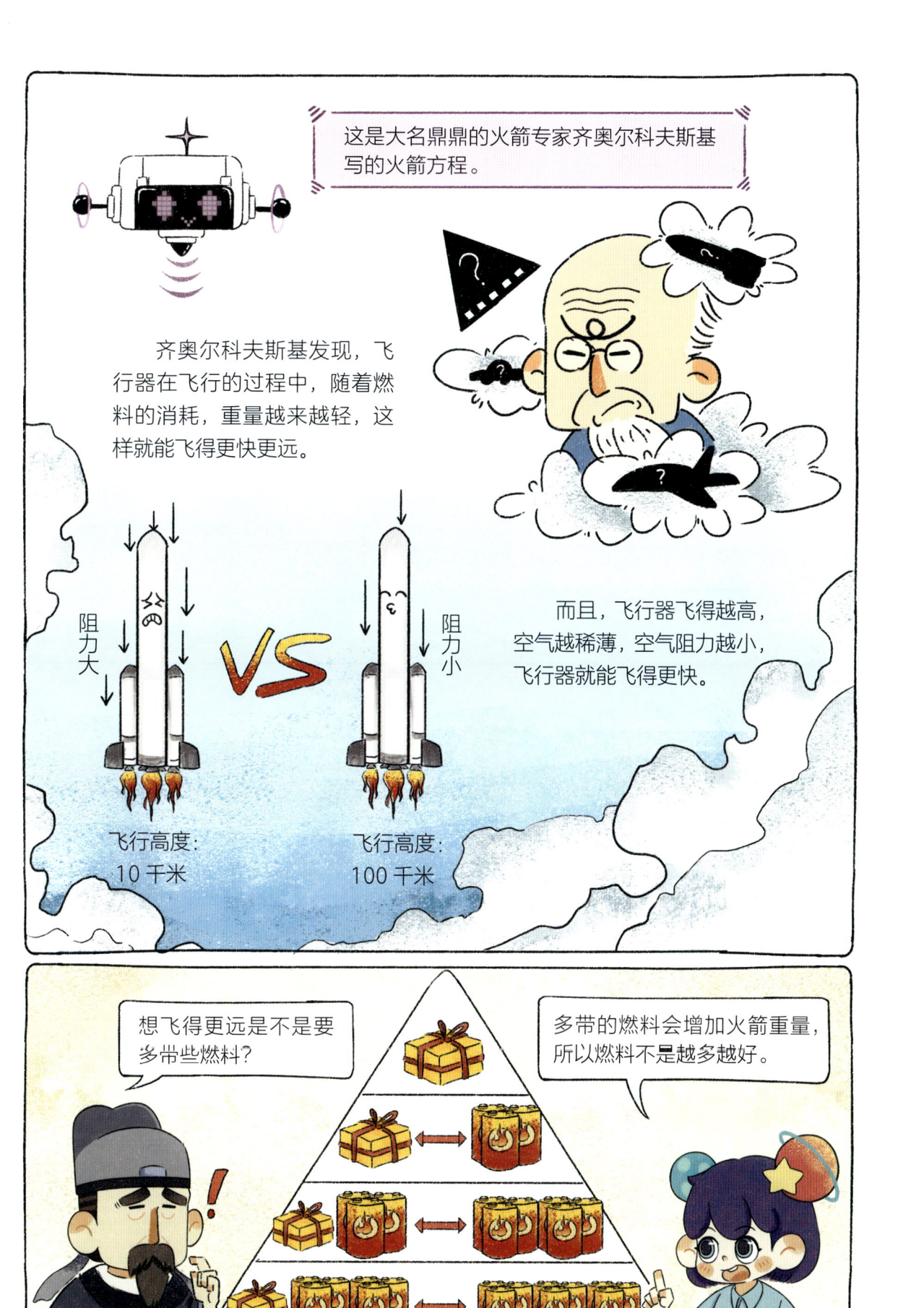

这是大名鼎鼎的火箭专家齐奥尔科夫斯基写的火箭方程。

齐奥尔科夫斯基发现，飞行器在飞行的过程中，随着燃料的消耗，重量越来越轻，这样就能飞得更快更远。

阻力大 VS 阻力小

飞行高度：10千米

飞行高度：100千米

而且，飞行器飞得越高，空气越稀薄，空气阻力越小，飞行器就能飞得更快。

想飞得更远是不是要多带些燃料？

多带的燃料会增加火箭重量，所以燃料不是越多越好。

说了这么多,这和火箭有什么关系?

根据齐奥尔科夫斯基的理论,最好减少火箭重量,再多带推进剂。我们可以试试制造多级火箭。我们先来看看火箭包含哪几部分。

一级发动机
推力较大的一组发动机。

一级燃料箱和氧化剂箱
分为燃料箱和氧化剂箱两部分,是火箭起飞的主要推动装置。

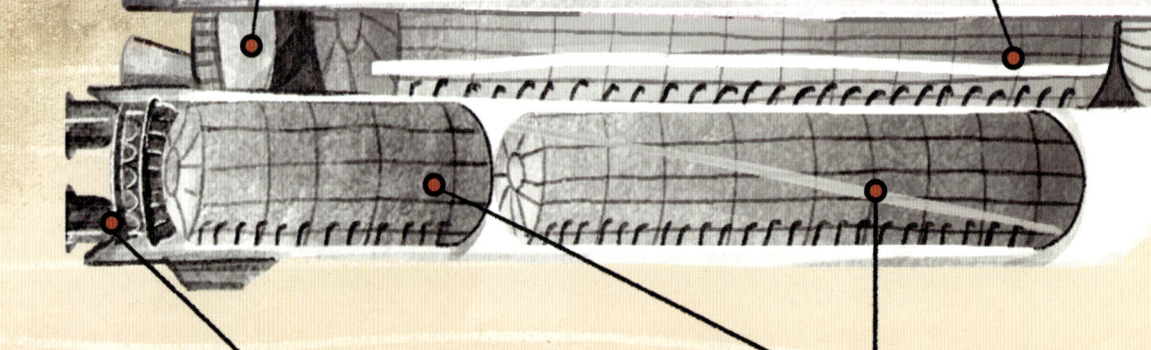

助推器发动机
和一级发动机一样,都是火箭起飞时推动火箭的动力装置,但它最早和火箭说再见。

助推器燃料箱和氧化剂箱
为助推器发动机提供推进剂,推进剂用完后与火箭分离。

什么是推进剂？

绕晕了吧？我来解释！
火箭的"燃料"很特别，它包含两部分：真正的燃料和帮助燃烧的氧化剂。就像鞭炮需要火药和空气才能爆炸一样，太空中没有空气，所以火箭必须带着"燃烧帮手"——氧化剂。

燃料 + 氧化剂 = 推进剂

二级发动机
虽然它的推力没有一级发动机的大，但火箭飞行中丢掉了一级发动机后，火箭加速会更加轻松。

整流罩
整流罩包裹的就是火箭的"乘客"。到达一定高度后，整流罩就会打开，把"乘客"送到预定的轨道上。

二级燃料箱和氧化剂箱
里面装着为二级发动机准备的燃料和氧化剂。

制导系统
火箭的"大脑"，负责与地面联系，控制火箭平稳飞行。

如何让火箭飞得更远？

> 为了让火箭飞向太空，科学家们也是煞费苦心呢，后来才有了今天这样的火箭。

> 后生可畏啊！看来，为了让火箭飞得更远，科学家们想了很多办法。

加装多级
——让火箭变长

增加多级火箭就像接力比赛一样，一个人跑完接力给下个人继续跑。我国的第一枚长征一号运载火箭，就是在东风四号弹道导弹的基础上增加了第三级火箭。

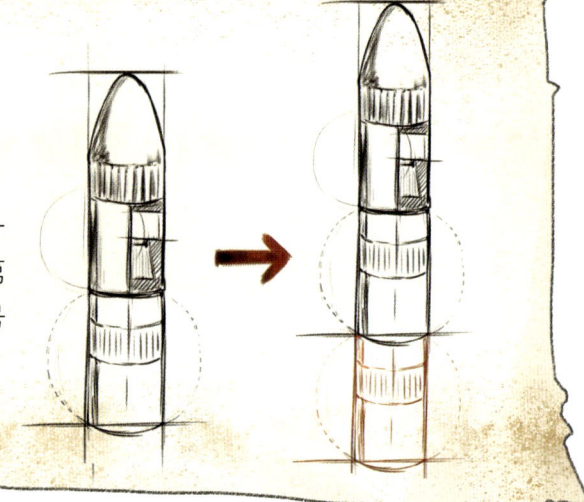

加长推进剂贮箱
——吃饱才有劲儿

推进剂贮箱加长后可以装更多推进剂，运载量就变大了。但这会让火箭变重，原本的推力就不够了。所以要平衡加长推进剂贮箱和重量的关系，推进剂贮箱并不是越长越好。

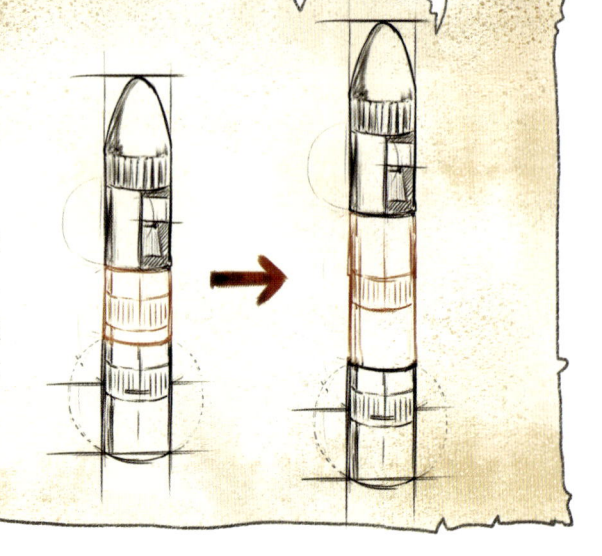

加装发动机
——"机"多力量大

一台发动机不够就多加几台。苏联登月的 N-1 火箭一级就有 30 台发动机！但太多的发动机会导致火箭剧烈震动，甚至解体，N-1 火箭就是这样失败的。

加装助推器
——火箭的好帮手

说来也简单，火箭主体的空间有限，只要在火箭侧面"捆"上几个装着发动机的小火箭，就能帮助火箭飞得更远。

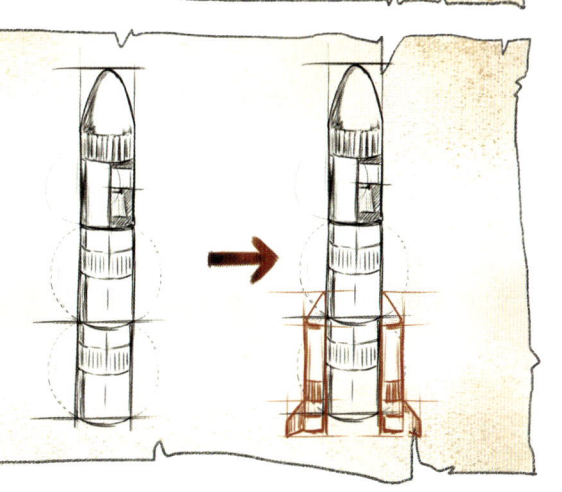

增加直径
——让火箭变胖

火箭变胖后能装载的东西更多了。比如外号"胖五"的长征五号直径达到了 5 米，这样就能增加发动机数量。

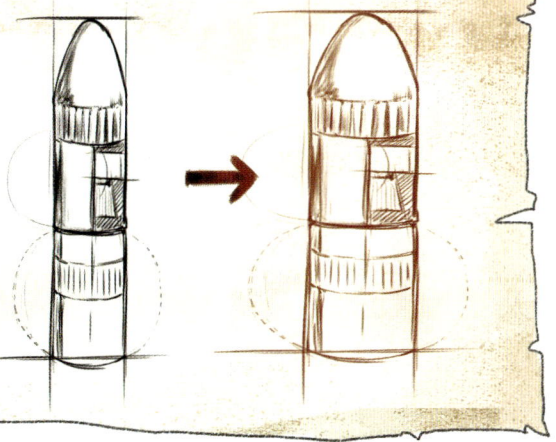

当然啦，科学家们也在努力研究效率更高的推进剂和推力更大的发动机。这样就可以装载更多的"乘客"上天了！

推动火箭的力量

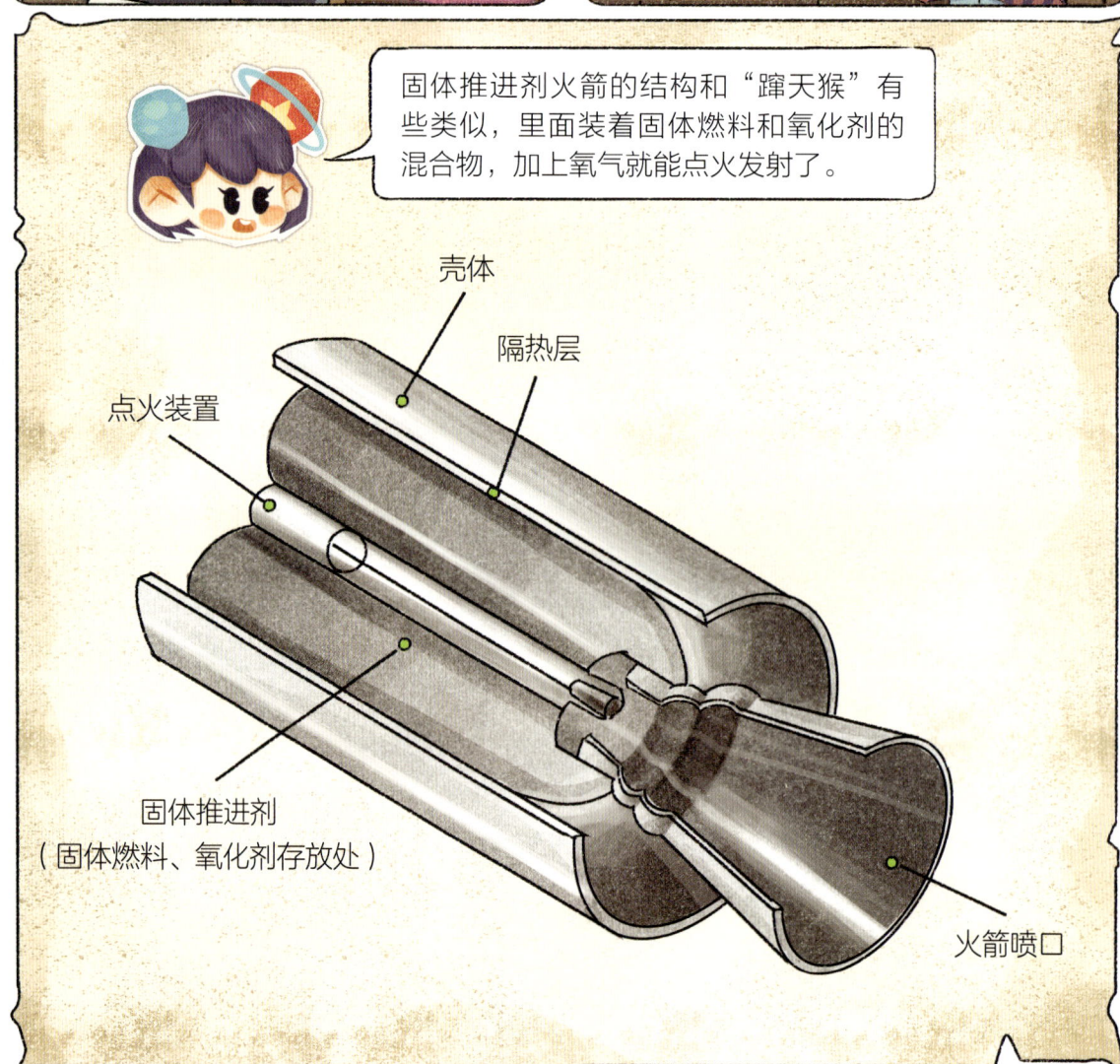

火箭这么大，得用多少推进剂啊？

火箭的推进剂非常复杂，总的来说分为固体推进剂和液体推进剂两种。

固体　液体

固体推进剂火箭的结构和"蹿天猴"有些类似，里面装着固体燃料和氧化剂的混合物，加上氧气就能点火发射了。

- 壳体
- 隔热层
- 点火装置
- 固体推进剂（固体燃料、氧化剂存放处）
- 火箭喷口

"羊气"？什么"羊气"？

氧气是人类呼吸必不可少的物质，而燃烧也需要氧气。可在太空中几乎没有氧气，燃料就没法燃烧。在太空中，氧化剂为燃烧过程供氧。

为了保证火箭内部的推进剂可以均匀燃烧，科学家们还把火箭内部的固体推进剂设计成各种各样的形状，防止火箭下部的推进剂燃烧太快，火箭"头重脚轻"。

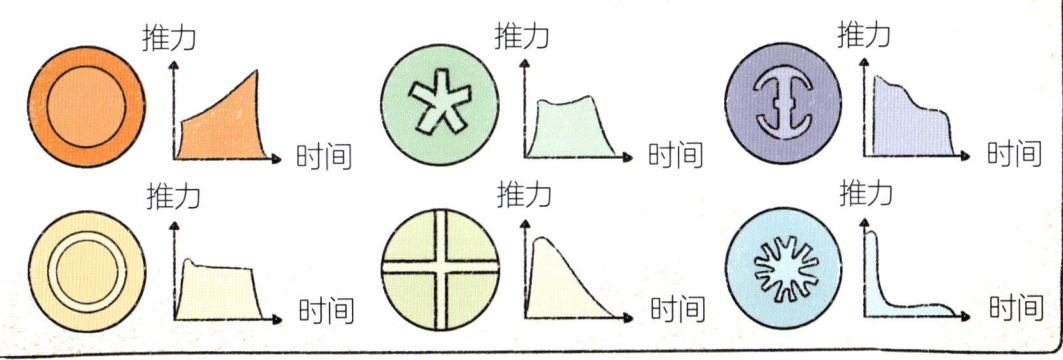

固体推进剂优点

结构简单；
造价低，成本低；
储存方便，随时可发射。

固体推进剂缺点

燃烧速度快；
推力不可调；
只能点一次火。

液体推进剂火箭的动力部分由三部分组成：燃料箱、氧化剂箱和液体火箭发动机。

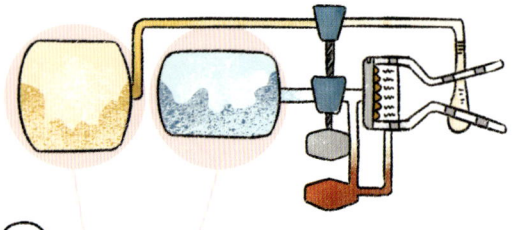

燃料箱

有了氧化剂我就能化为火焰。

氧化剂箱

有了燃料就能暖和点儿了。

① 同时给燃料箱和氧化剂箱加压，把燃料和氧化剂从贮箱中"挤出来"。

② 通过涡轮的进一步增压，它们被不断喷射到发动机的燃烧室当中。此时点火的话……

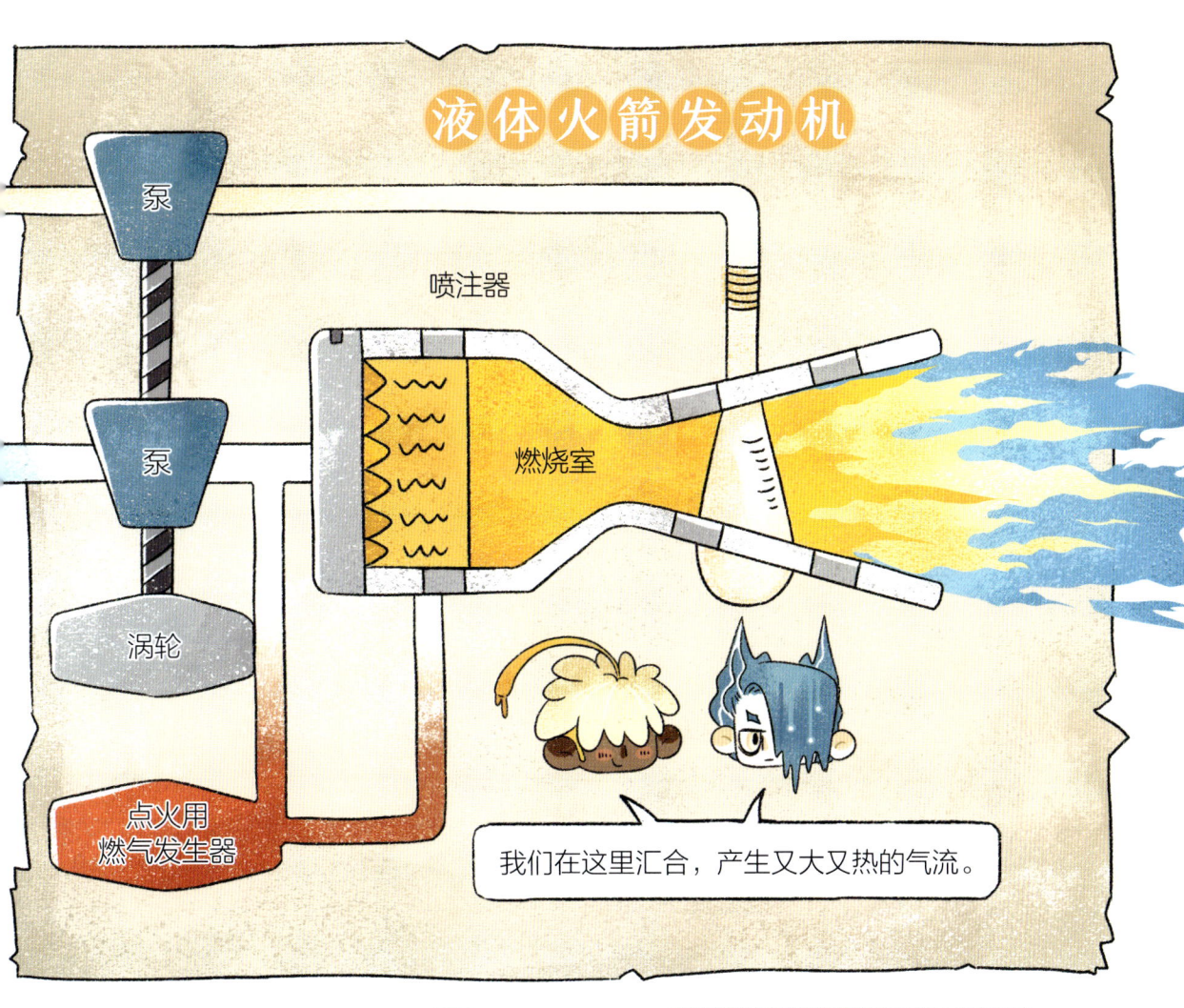

液体火箭发动机

泵

泵

涡轮

点火用
燃气发生器

喷注器

燃烧室

我们在这里汇合，产生又大又热的气流。

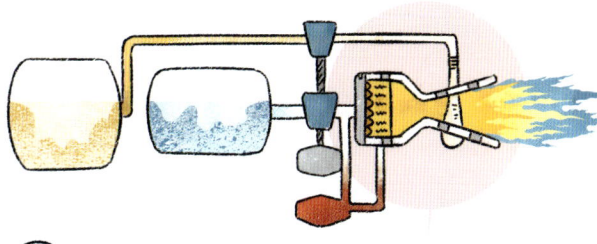

让我们一起来看看常见的液体火箭推进剂有哪些吧！

③ 火箭发动机喷射出熊熊火焰，产生巨大的推力，火箭就可以飞上天了。

危险组合

我们在常温下不用点火就能燃烧，但我们燃烧可能会产生剧毒浓烟。

我像一个魔法开关，可以让它快速燃烧。

偏二甲肼

四氧化二氮

超值组合

我的价格很低，状态稳定，而且易于存储。

通常情况下，当温度降到零下183摄氏度时，我会变成淡蓝色的液体。

煤油

液氧

固体火箭发动机

推力 +++
造价 +
灵活性 +++
储存 +++++

时代新宠组合

我在零下83摄氏度会变成液体，而且价格低，产生的推力略大于煤油的，燃烧时还不会弄脏发动机。

甲烷

液氧

冰火组合

嘿嘿，又是我。

液氧

通常情况下，我在零下252.78摄氏度会变成液体，我产生的推力强劲并且无污染，就是液态的我不好存储。

液氢

液体火箭发动机

催化剂

推力 ★★★★
造价 ★★★★
灵活性 ★★★★★
储存 ★★

因为固体和液体推进剂各有优缺点，为了取长补短，火箭会在不同部分或不同飞行阶段使用不同的推进剂。比如助推器可用推力大但是燃烧快的固体推进剂，"长途旅行"就可以用液体推进剂火箭。

火箭命名学问多

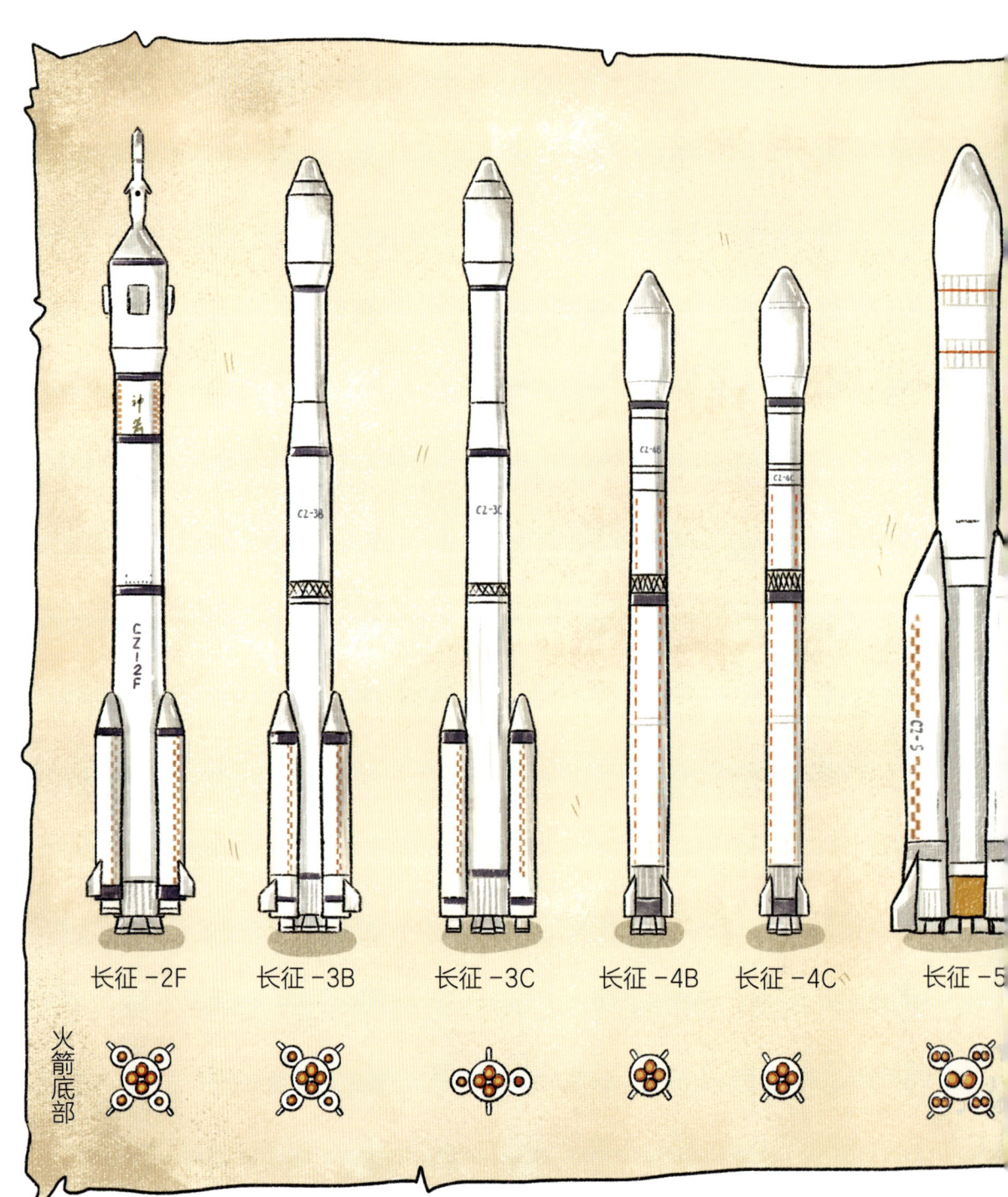

长征-2F　　长征-3B　　长征-3C　　长征-4B　　长征-4C　　长征-5

火箭底部

根据推进剂的特性和任务的不同，火箭会有不同型号。下面就是部分现役长征系列火箭。

长征-5B　　长征-6　　长征-7　　长征-7A　　长征-8　　长征-11

37

居然有这么多型号,这些编号都是什么意思?

这其实很简单,让我来给您解释一下吧。

就拿我国第一枚载人火箭CZ-2F Y5为例,"CZ"指"长征"二字的拼音首字母缩写。

"2"指的是长征二号火箭,代表火箭立项时间的先后顺序。

"F"指这是长征二号火箭的改进型号,通常是在基础型号上通过改进发动机、增加助推器实现的。

而"Y5"也称"遥5"。"遥"指的是带有遥测信号跟踪的火箭,"5"代表同样的火箭进行的第五次发射。

39

这么重的火箭怎么运？

老夫很好奇，如此庞然大物该如何搬运呢？

当然要分成几"节"来运输。而且运输方式还影响了火箭的直径呢。

以前是用马车运输货物，车轮的宽度正好是两匹马屁股的宽度。

火车机车是我发明的！

乔治·斯蒂芬森

后来火车出现了，但火车轨道的宽度依旧沿用了马车的轮宽标准。

但问题在于火车需要过隧道……

所以，火箭太粗就难以通行了吧。

没错。因此之前火箭的最大直径被定为了 3.35 米。可以说火箭的直径是被"马屁股"决定的。

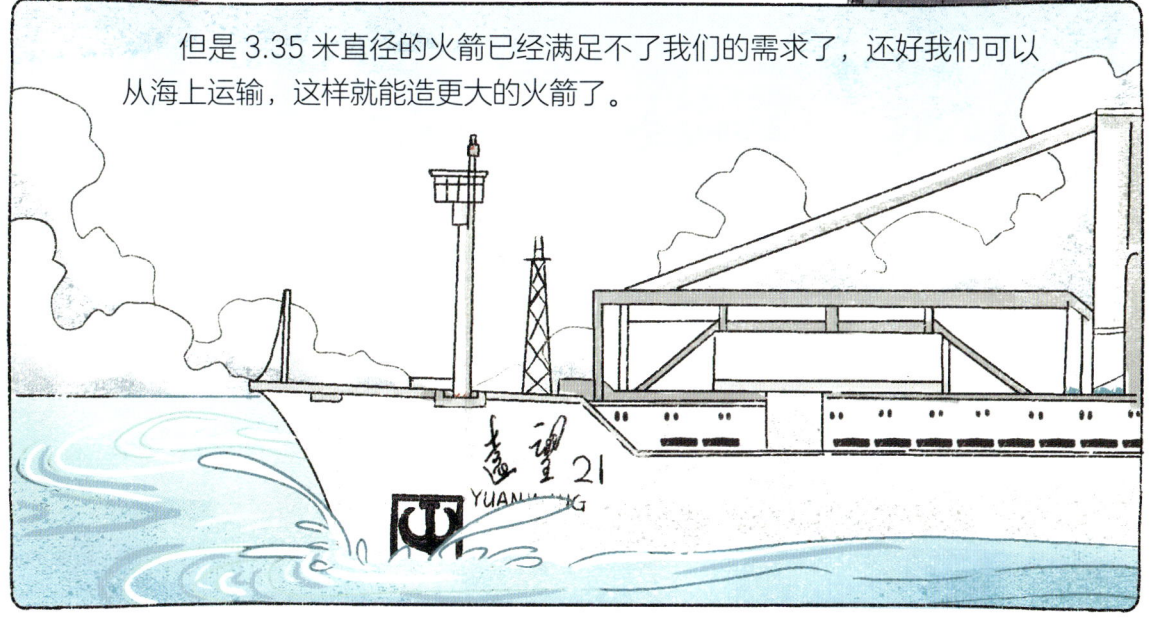

但是 3.35 米直径的火箭已经满足不了我们的需求了，还好我们可以从海上运输，这样就能造更大的火箭了。

除此之外，也有体形较小的火箭，可以用专门的运输车在公路上运输。比如快舟一号固体运载火箭，它甚至可以在车上进行发射。

我家门口不能发射火箭吗?

老夫有一妙计!不妨把发射场建在火箭制造厂旁边如何?这样岂不是不用运输了?

零件马上就好!

就差这个就能发射了。

哈哈,您这个想法确实不错,但是建造火箭发射场需要考虑的东西可多了。

地广人稀

发射火箭没法保证百分之百成功，火箭有坠毁或爆炸的可能，有的还会释放有毒气体。在地广人稀的地方发射火箭最能够保证周围人员的生命安全、保护生态环境。

发射！

失败了……

天气适宜

晴朗、湿度低、风速小的天气有利于火箭发射和跟踪。同时气温也不能太高或者太低，不然精密的科学仪器容易受到影响。

要不今天算了吧。

今天火箭必须发射！

交通方便

火箭发射场通常靠近铁路或机场等交通枢纽，方便大型设备和仪器的运输。

火箭到哪儿了？
都俩小时了！
还堵着呢！
早高峰啊！

纬度低

在低纬度地区，地球的自转线速度更大，发射时可以利用惯性离心力，节省燃料并增加有效载荷。

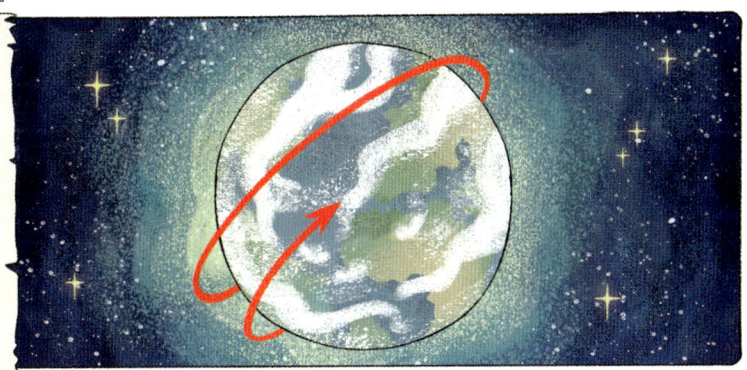

我国的火箭发射场在哪里？

我们一起来看看中国重要的火箭发射基地吧。全息投影启动……

酒泉卫星发射中心

又称东风航天城，位于甘肃省酒泉市，是中国最早的卫星发射场之一，见证了中国航天从无到有的发展历程，也是我国载人航天任务的发射场地。

文昌航天发射场

位于海南省文昌市龙楼镇，这里纬度较低，有利于卫星的发射和入轨；位于海边，便于火箭的海上运输，因此能够发射更大的火箭。以后，中国的航天员会从这里出发，飞向空间站，飞向月球。

太原卫星发射中心

位于山西省忻州市岢岚县的高原地区，主要承担气象、资源、通信等多种型号卫星的发射任务。

西昌卫星发射中心

位于四川省凉山彝族自治州冕宁县，群山环抱，气候宜人，主要负责地球同步轨道卫星发射任务，包括北斗卫星导航系统。

海阳东方航天港

位于山东省海阳市，这是中国唯一一个运载火箭海上发射母港。在这里，火箭不仅可以在半固定的海上发射平台上发射，还可以被船载往更远的海洋深处，在海面上发射。

这个东西好厉害，还能显示方位！

厉害吧！对了，古人是怎么辨别方向的呢？

早在原始社会，人们发现太阳每天升起和落下的方向都不变。于是把太阳升起的方向定为东方，把太阳落下的方向定为西方。

同时，另外两个和东西方呈90度夹角的方向被定为了南方和北方。从此，人类就有了方向的概念。

还有其他方法。比如，山峰的南面长期光照充足，树叶生长茂盛。相反，树叶稀疏的一方即是北方。

这种方法只适合北半球哦。

在夜晚，把北斗七星勺斗的两颗星连起来并向前延长大约5倍，就能找到北极星。而北极星指向的方向，就是北方了。

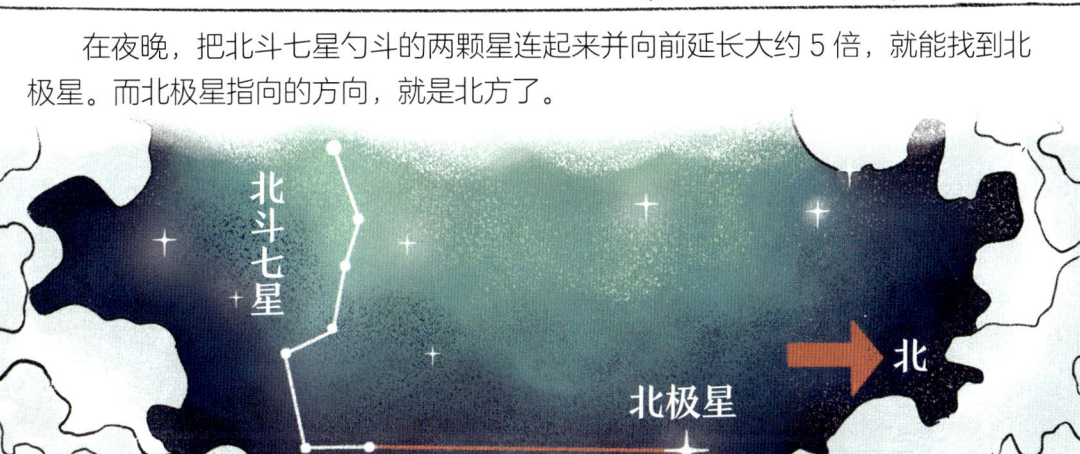

北斗七星

北极星

北

古书上还记载了一些其他辨别方向的办法。

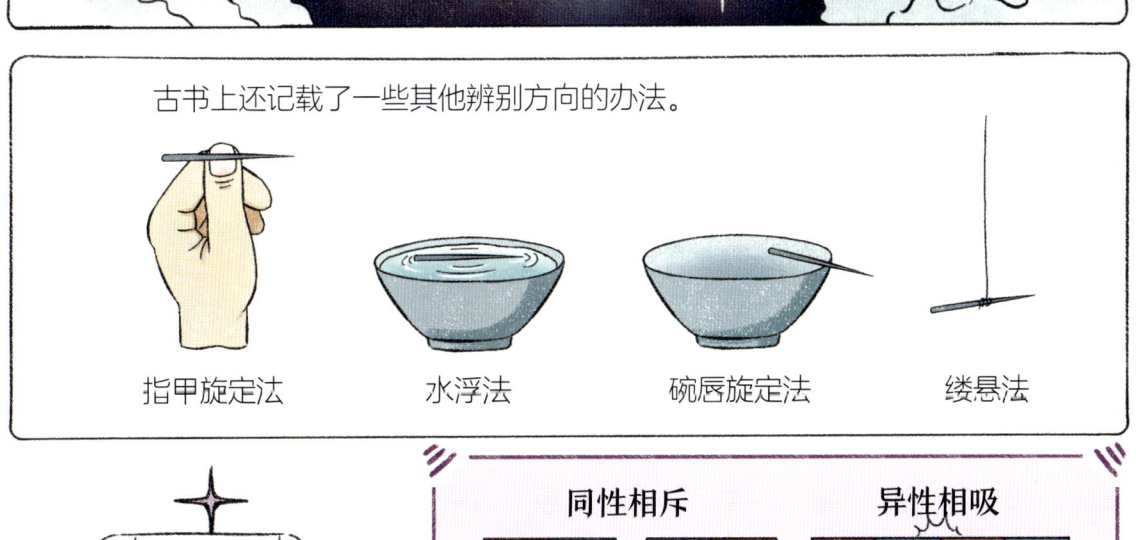

指甲旋定法　　水浮法　　碗唇旋定法　　缕悬法

同性相斥　　**异性相吸**

磁体有同性相斥、异性相吸的特性，而地球也是一个巨大的磁体，磁针的两端自然就指向南北方向了。

47

火箭发射观测指南

> 原来还能这样辨别方向，古人真是聪明。

> 你们也很厉害，只可惜老夫无法亲眼看到火箭发射。

- 相机、长焦镜头
- 望远镜
- 保暖衣物
- 身份证
- 便携式椅子

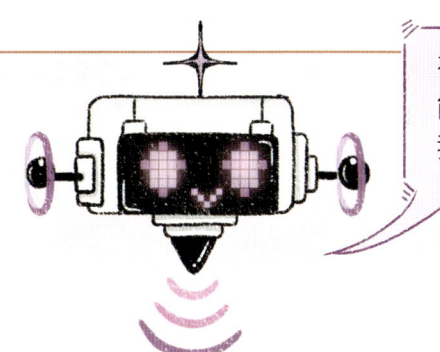

有我慧小星在，没有不可能。我们怎么能错过最直观体验航天工程的方式呢。我们可以模拟一次火箭发射！

太好了！既然要模拟就真实一点儿。咱们来准备观看火箭发射所需要携带的物品吧！

这个滑滑的东西可以防晒？对了，防晒是什么意思啊？

搓搓拍拍

墨镜

遮阳伞

驱蚊用品

防晒霜

照明设备

符牌（古代身份证）

饮用水和食物

49

还要提前从国家航天局等官方网站上了解具体发射信息。

37.6℃
40%–50%

一切准备就绪,您想去哪儿看?

去这里吧。

慧小星,虚拟影像下观众就不用显示了吧,太挤了……

老夫的腰……

收到!关闭观众显示。

这样舒服多了，老夫要吃点儿东西压压惊。你们的干粮和水真不错。

慧小星，先介绍一下火箭发射的过程吧。

好的，火箭升空后将会经历五个阶段。

垂直上升阶段

火箭会离开发射台垂直向上飞行，逐渐积累速度。

程序转弯阶段

这就是重力转向的时机，发动机上的万向支架或矢量发动机会给火箭提供偏转力，帮助火箭实现程序转弯。

分离阶段

火箭会依次分离助推器、一级火箭、整流罩等部分。这些部分在分离后会根据预设的轨迹返回地面或进入预定轨道。

轨道插入阶段

火箭想要进入预定轨道需要进行轨道插入。进入稳定轨道后，没有了大气阻力，即使没有动力也可以一直飞行。

任务执行

火箭进入轨道后，就可以开始执行自己的任务了，如发射卫星、载人飞行等。至此，火箭的任务就完成了。

火箭发射的"良辰吉日"

发射火箭该不会要选个好时辰吧。

老夫正精于此道,待我掐指一算。

要等多久啊?老夫都吃饱了。

别急嘛。

哈哈哈,火箭发射的时间可不是用黄历算出来的。需要根据不同的发射任务,计算出不同的发射窗口期。

快跑!

窗口=窗户

发射还要找个窗户啊?

发射窗口期说的是最佳发射时间,不是指窗户哦。

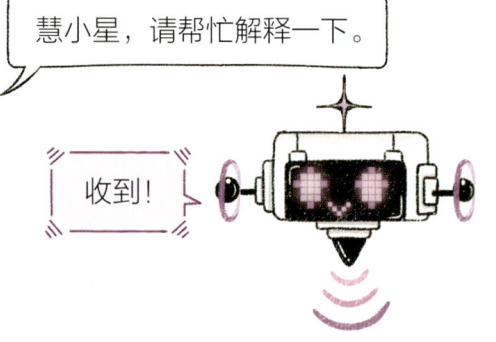

慧小星,请帮忙解释一下。

收到!

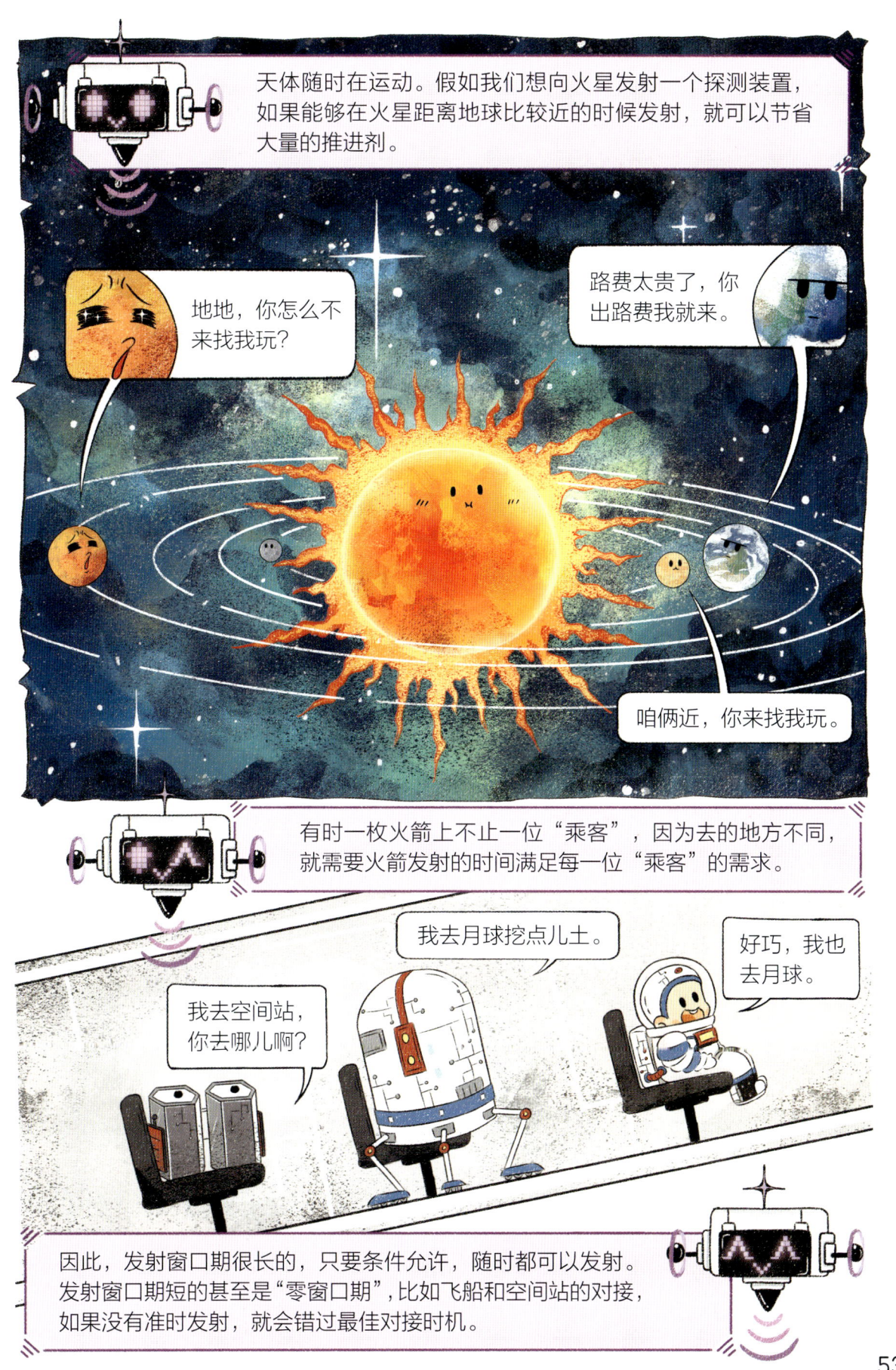

天体随时在运动。假如我们想向火星发射一个探测装置，如果能够在火星距离地球比较近的时候发射，就可以节省大量的推进剂。

地地，你怎么不来找我玩？

路费太贵了，你出路费我就来。

咱俩近，你来找我玩。

有时一枚火箭上不止一位"乘客"，因为去的地方不同，就需要火箭发射的时间满足每一位"乘客"的需求。

我去空间站，你去哪儿啊？

我去月球挖点儿土。

好巧，我也去月球。

因此，发射窗口期很长的，只要条件允许，随时都可以发射。发射窗口期短的甚至是"零窗口期"，比如飞船和空间站的对接，如果没有准时发射，就会错过最佳对接时机。

"原来如此。"

"说到火箭发射时间，古时候没表怎么知道时间呢？"

"说来话长，古人不仅知道时间，还发明了各种计时方法。"

原始社会，人们白天寻找食物，晚上便在安全的地方休息，过着日出而作、日落而息的生活。

久而久之，人们发现有时白天长，有时白天短；有时热，有时冷。于是就思考，这是怎么回事？

后来，有人发现每天正午时分的太阳高度好像有所不同，于是想要测量一下。

古人在地上立一根木棍，太阳升得越高，木棍的影子越短，这就是圭表。

后来，人们发现一天中同一时间影子最短时天气比较热，影子最长时天气比较冷，于是把这两天分别称为夏至和冬至。

圭表

夏天影子短

冬天影子长

后来，人们发现夏至和冬至会重复循环，就把循环周期定为一年。而夏至和冬至中间还有两天同一时间影子的长度刚好相同，于是，人们把这两天称为春分和秋分。这样，一年就被划分成了四季。

春分　　夏至　　秋分　　冬至　　春分

可是只确定四季，时间还不够精确啊。

解决这个问题不靠太阳，要靠月亮。

后来古人用地支标记一天的 12 个时辰。到了宋代，又将一个时辰分成了两半，每个时辰的起点叫作"初"，正中点叫作"正"。

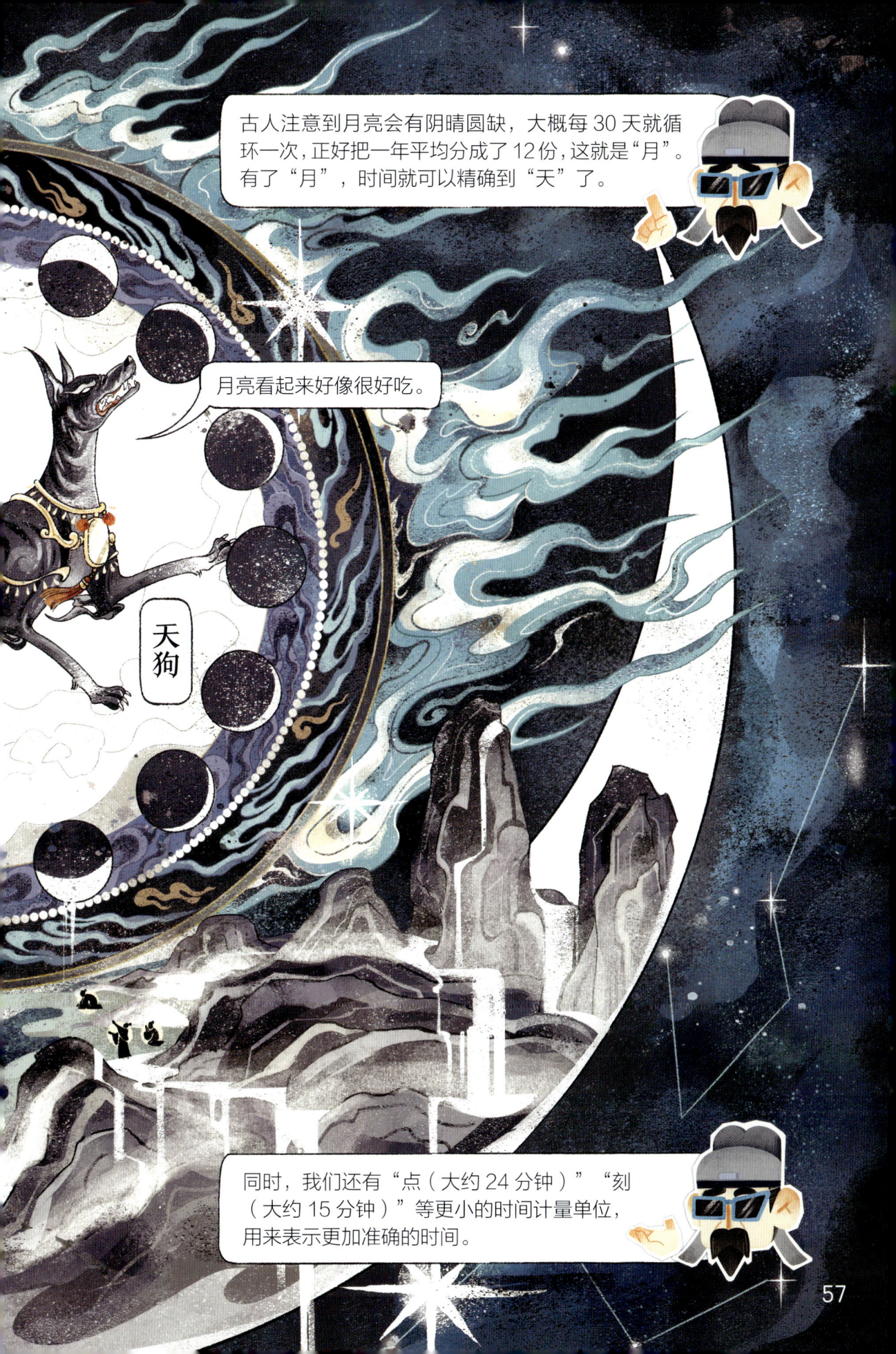

古人注意到月亮会有阴晴圆缺，大概每 30 天就循环一次，正好把一年平均分成了 12 份，这就是"月"。有了"月"，时间就可以精确到"天"了。

月亮看起来好像很好吃。

天狗

同时，我们还有"点（大约 24 分钟）""刻（大约 15 分钟）"等更小的时间计量单位，用来表示更加准确的时间。

为了更精准地计时，古人发明了日晷，只要把日晷按固定角度放好，就可以通过太阳影子落在表座上的位置来判定时间了。

日晷

还能用焚香、沙漏计时等方法记录时间。

时间到了！

没写完！

后来，古人发现水滴落的速度相对稳定，于是便想到用水流来计时，发明了刻漏。

刻漏

但是水位下降，水流变慢，计时就有误差，因此古人将几个刻漏套在一起，刻漏能稳定出水，时间更准。

这也太聪明了。

但是它太大了，并不方便携带……反正不如我。

在古代，时间与皇权紧密相连，为了让百姓也能知道时间，官员们记录时间后，准点打击大鼓、敲响大钟，这样百姓听声音就能知道时间了。而鼓和钟所在的城楼就叫作鼓楼和钟楼。

当——当——

说了这么多，火箭怎么还没发射？

轰！

什么声音！

轰隆隆——

发射了，发射了！

这么突然吗？这声音好大，感觉整个大地都在震动啊。

火箭还能拐弯？

液氧　　液氢

真是吓老夫一跳。发射时一直在冒烟，不会着火了吧？

不是的。发射前冒烟是因为液氧、煤油、液氢等低温推进剂在常温中会快速挥发，让周围空气中的水蒸气凝结形成白烟。

而发射时的白烟，是从火箭发射台左右两端的导流槽里冒出来的。发射台下方有储存着大量水的水池，这些水吸收了火箭喷出的热量，会快速挥发，并从导流槽喷出，这就是火箭发射时滚滚白烟的主要来源了。

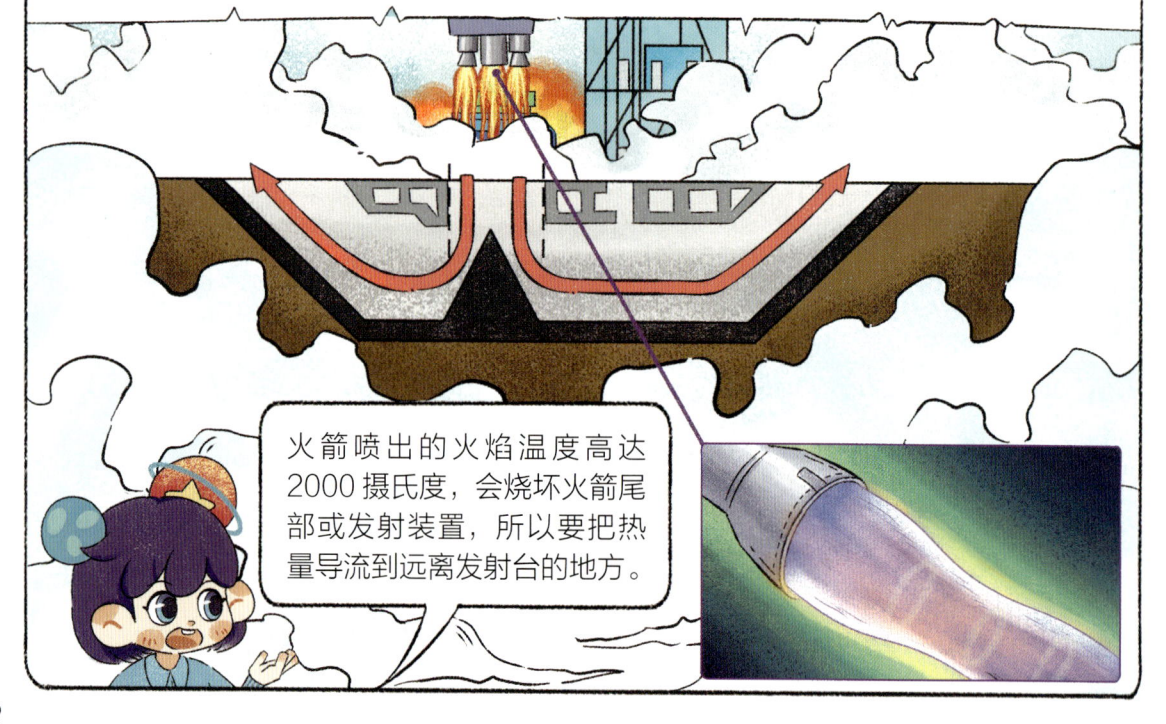

火箭喷出的火焰温度高达2000摄氏度，会烧坏火箭尾部或发射装置，所以要把热量导流到远离发射台的地方。

不好了，火箭怎么歪了？是不是要掉下来了？

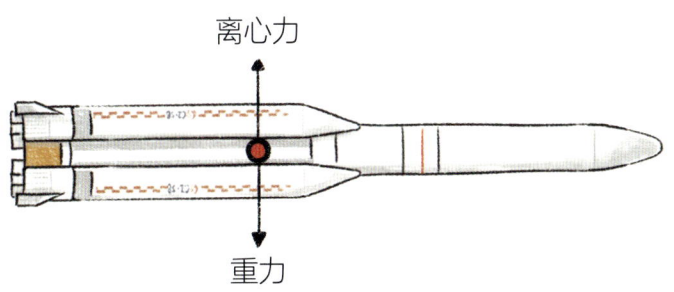

离心力

重力

为了达到足够的高度和速度，火箭需要环绕地球飞行，让产生的"甩"出地球的离心力与重力相等。

因此，经过科学家严密的计算，火箭会在空中划出一道优美的弧线，完成重力转向。

正常情况下，火箭想要转弯，就需要火箭喷口改变方向，但是这样的话需要消耗很多推进剂。

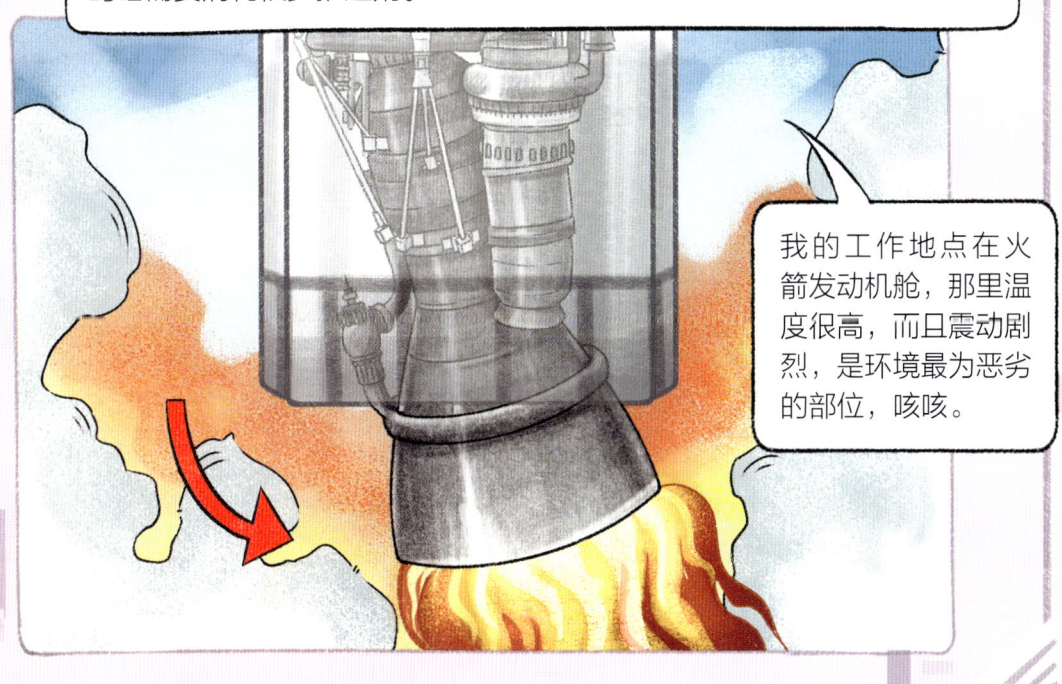

我的工作地点在火箭发动机舱，那里温度很高，而且震动剧烈，是环境最为恶劣的部位，咳咳。

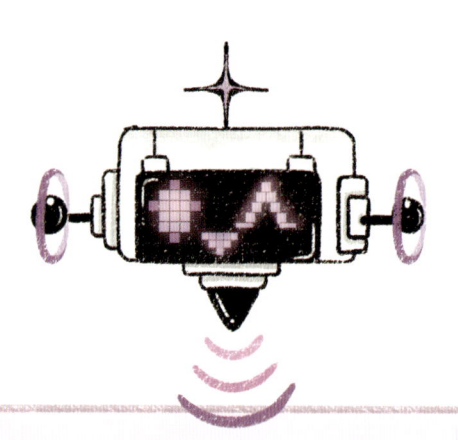

后来，科学家想到，如果我们把一根筷子立在桌面上，我们只要稍微让它倾斜一点儿，它就会因为受到重力影响而倒下。

而火箭就像根巨大的筷子，在重力的帮助下，只要控制火箭倾斜的角度，就可以在最节省推进剂的情况下完成火箭的转向，让火箭拐个弯，这就是重力转向。

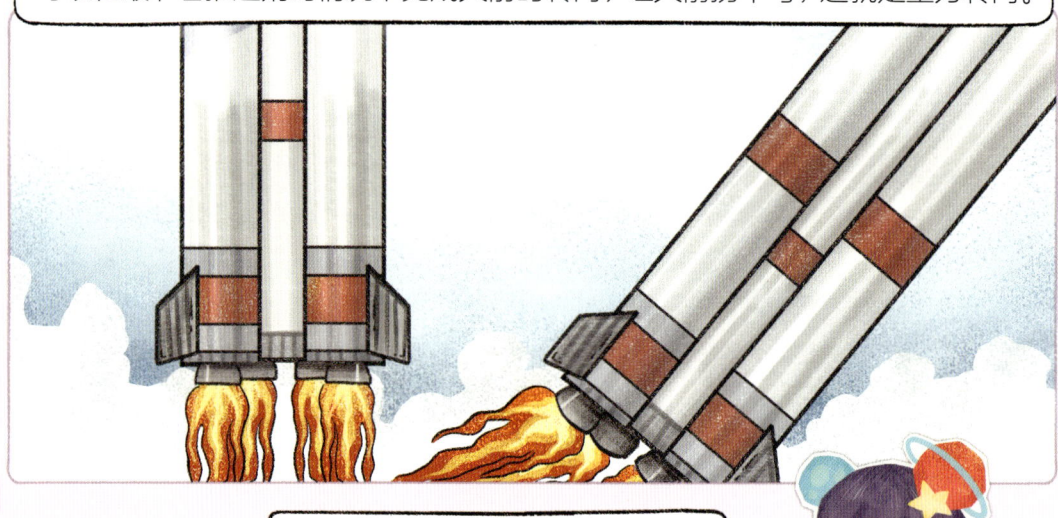

一般在重力转向启动之后，火箭的各部分才开始分离。

原来如此，你说的火箭分离和火箭发射时掉下的碎片有关吗？

因为火箭里有温度极低的推进剂，所以火箭像刚从冰箱中拿出来一样，表面会结成一层薄薄的冰屑，火箭发射时掉下的碎片就是它。

−100℃以下

另一种碎片是火箭的"保暖衣"。火箭整流罩中的科学仪器很怕冷，如果在比较冷的发射场，就需要给火箭加上泡沫材料保温。等火箭升空，这些泡沫材料受到气流的冲击，就从箭体上脱落了。不过在温暖的发射场就不用啦。

我就送你到这里了，再见了……

一路保重！

"火箭上掉下来的东西,会不会落在我的头上啊?"

"救命啊——"

"别担心,我们有三种方法避免这种事情。"

"理论上讲,这是有可能的。"

轨道设计

发射前,工程师会设计火箭的飞行轨迹,确保火箭分离后箭体残骸会落入预先设定的区域。

我算 我算 我算

落区选择

箭体残骸通常落在人烟稀少的地方,如海洋或偏远的山区。

咕噜 咕噜 咕噜

人员疏散

如果很难找到完全无人的区域,相关部门会组织落区内的居民撤离到安全地带,以防止人员受伤。

嗖

嗖

嗖

有时，火箭分离比较晚，它在落下的时候与空气高速摩擦，在落到地面之前就烧蚀殆尽了，因此不用担心。

什么？火箭完成自己的任务之后就不存在了？这样代价未免太高了，有没有可能……让火箭飞回来啊？

您的想法很好，但是实现起来有点儿难度。

火箭回家：平稳着陆的秘密

让火箭平稳落地就好像从空中扔下一根筷子，要让筷子稳稳地竖直插在地上才行。

确实难度有点儿高。

况且火箭可是从上万米的高空落下来的，这意味着在下落的过程中要快速把火箭坠落的速度降到近乎0，还要稳稳地"放"在地上，真是难上加难啊。

不仅如此，火箭中存放的可是液体推进剂，火箭姿态的改变会带动液体的晃动，让火箭的轨迹更加变幻莫测……

虽然看似难以实现，但其实已经有火箭落地成功了。

好生厉害，它是怎么做到的？

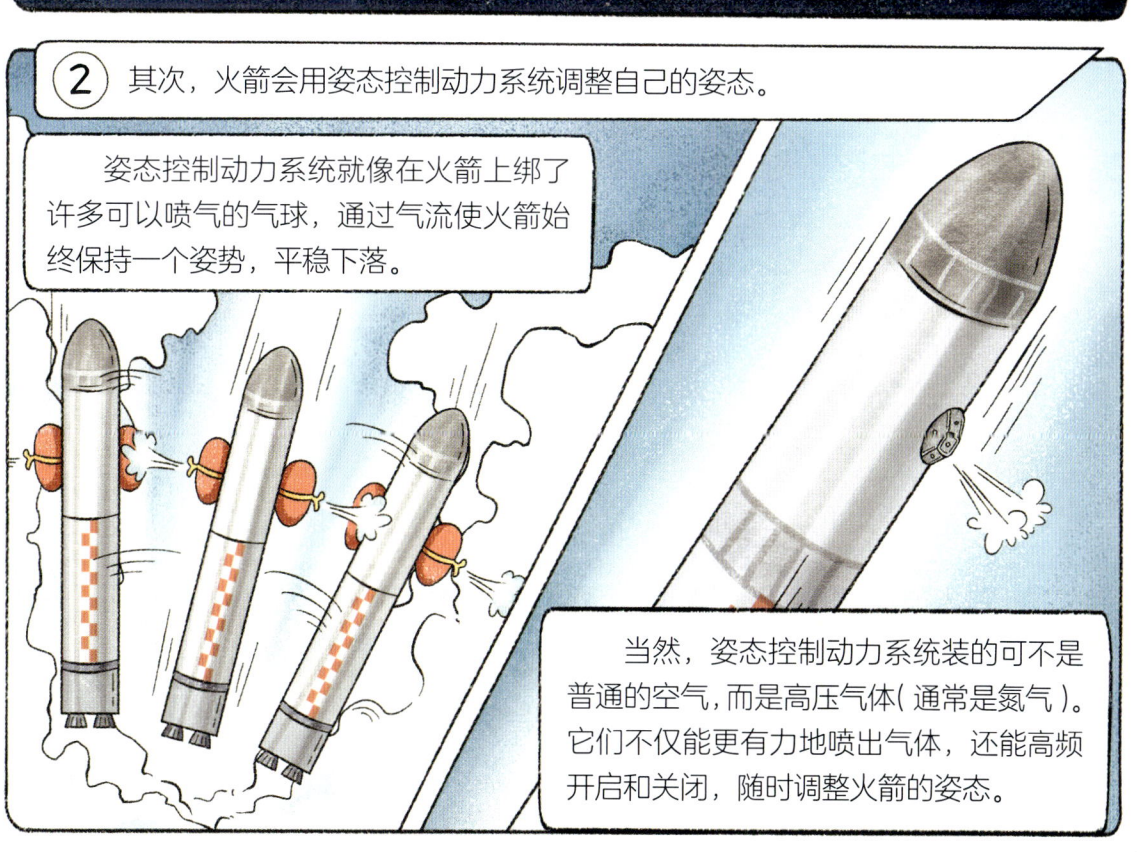

① 首先，火箭要感知自己的位置才能精准降落，这就需要全球导航系统和惯性导航系统。

全球导航系统就是利用卫星来确定火箭所在的位置。

列车前进

列车后退

惯性导航系统是利用加速度来判定位置的，就像是你蒙上眼睛坐在车上，虽然看不到，但是依然可以通过身体前倾和后仰来判断车子是向前还是向后开。

② 其次，火箭会用姿态控制动力系统调整自己的姿态。

姿态控制动力系统就像在火箭上绑了许多可以喷气的气球，通过气流使火箭始终保持一个姿势，平稳下落。

当然，姿态控制动力系统装的可不是普通的空气，而是高压气体（通常是氮气）。它们不仅能更有力地喷出气体，还能高频开启和关闭，随时调整火箭的姿态。

③ 再次，仅靠这些气体没有办法完全控制火箭的姿态，因此火箭上还需要安装栅格舵。

栅格舵

栅格舵通过旋转来控制气流，产生偏转的力，把火箭"拉"回正确的姿势。就像在大风中拿着一把伞，风吹往哪个方向，你就会被拉向哪个方向。同时，栅格舵还能起到减慢火箭下落速度的效果。

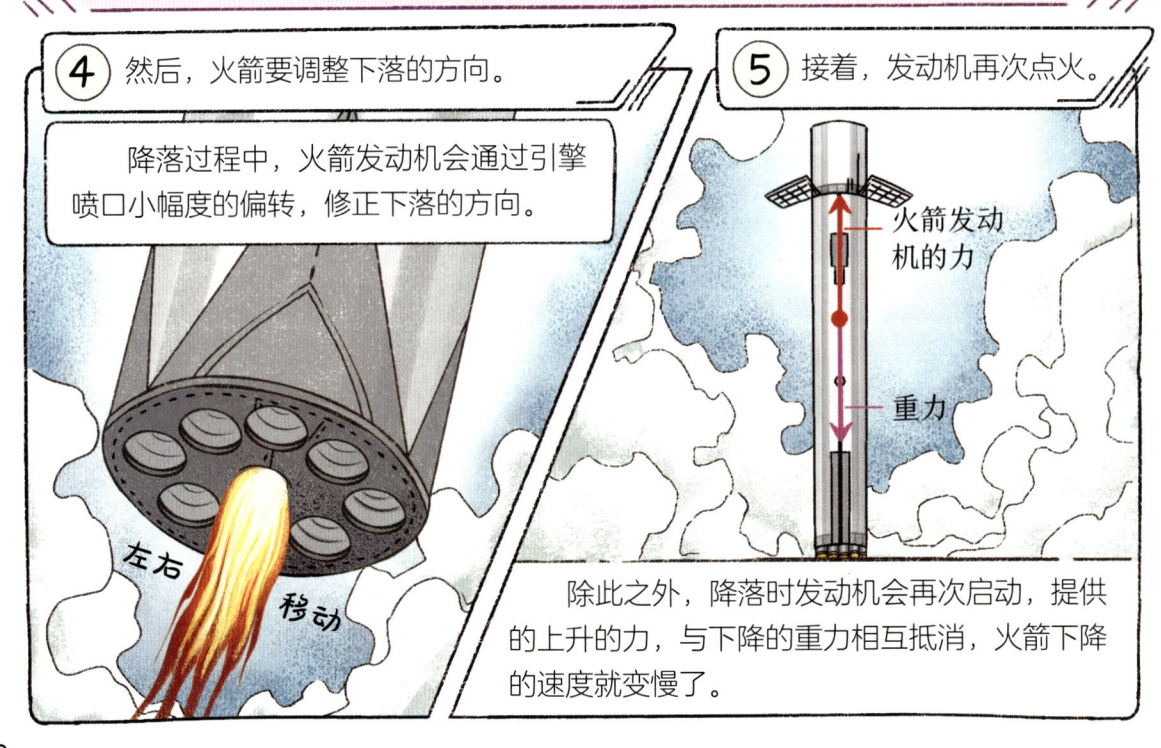

④ 然后，火箭要调整下落的方向。

降落过程中，火箭发动机会通过引擎喷口小幅度的偏转，修正下落的方向。

左右移动

⑤ 接着，发动机再次点火。

火箭发动机的力

重力

除此之外，降落时发动机会再次启动，提供的上升的力，与下降的重力相互抵消，火箭下降的速度就变慢了。

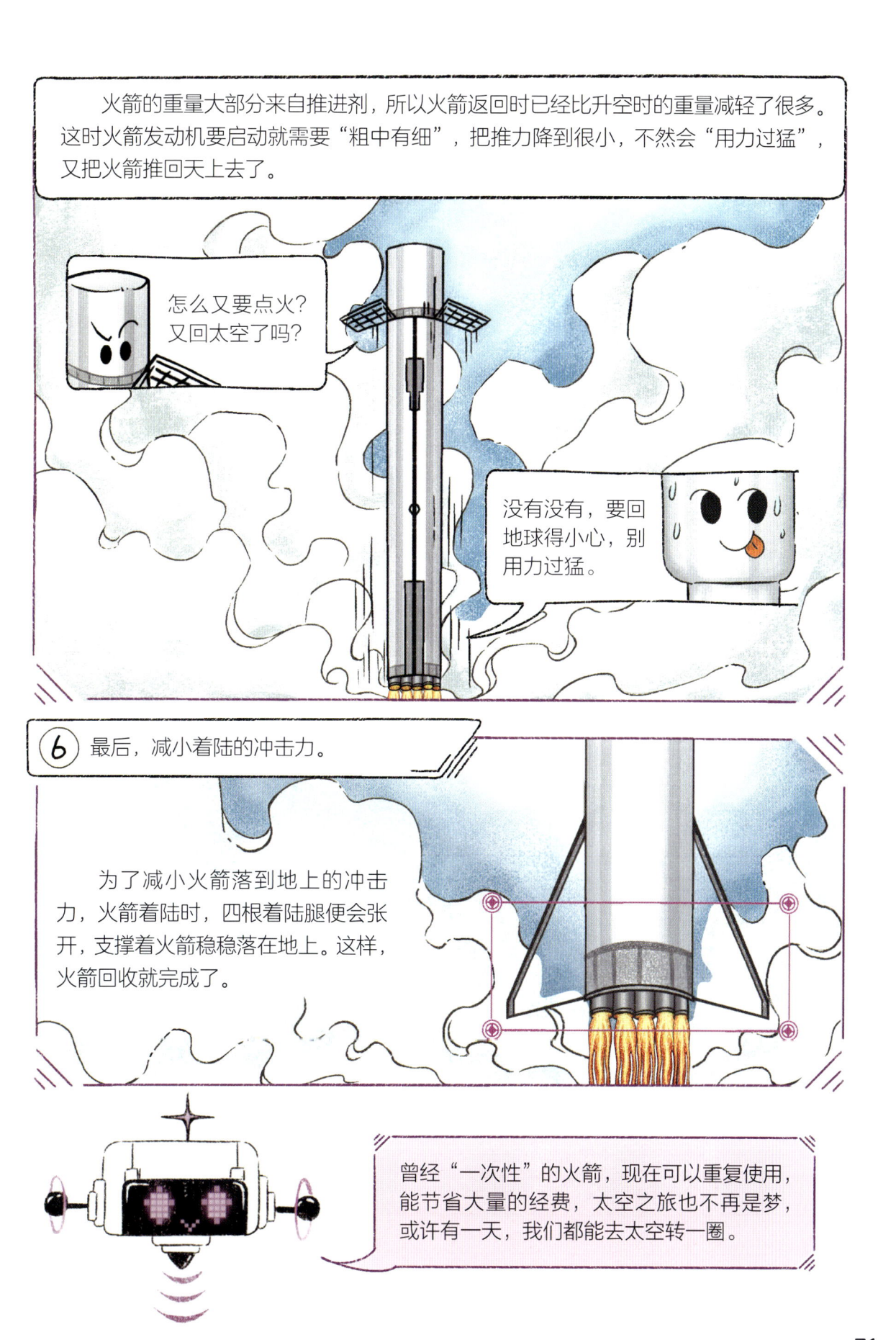

火箭的重量大部分来自推进剂,所以火箭返回时已经比升空时的重量减轻了很多。这时火箭发动机要启动就需要"粗中有细",把推力降到很小,不然会"用力过猛",又把火箭推回天上去了。

怎么又要点火?又回太空了吗?

没有没有,要回地球得小心,别用力过猛。

⑥ 最后,减小着陆的冲击力。

为了减小火箭落到地上的冲击力,火箭着陆时,四根着陆腿便会张开,支撑着火箭稳稳落在地上。这样,火箭回收就完成了。

曾经"一次性"的火箭,现在可以重复使用,能节省大量的经费,太空之旅也不再是梦,或许有一天,我们都能去太空转一圈。

幕后英雄

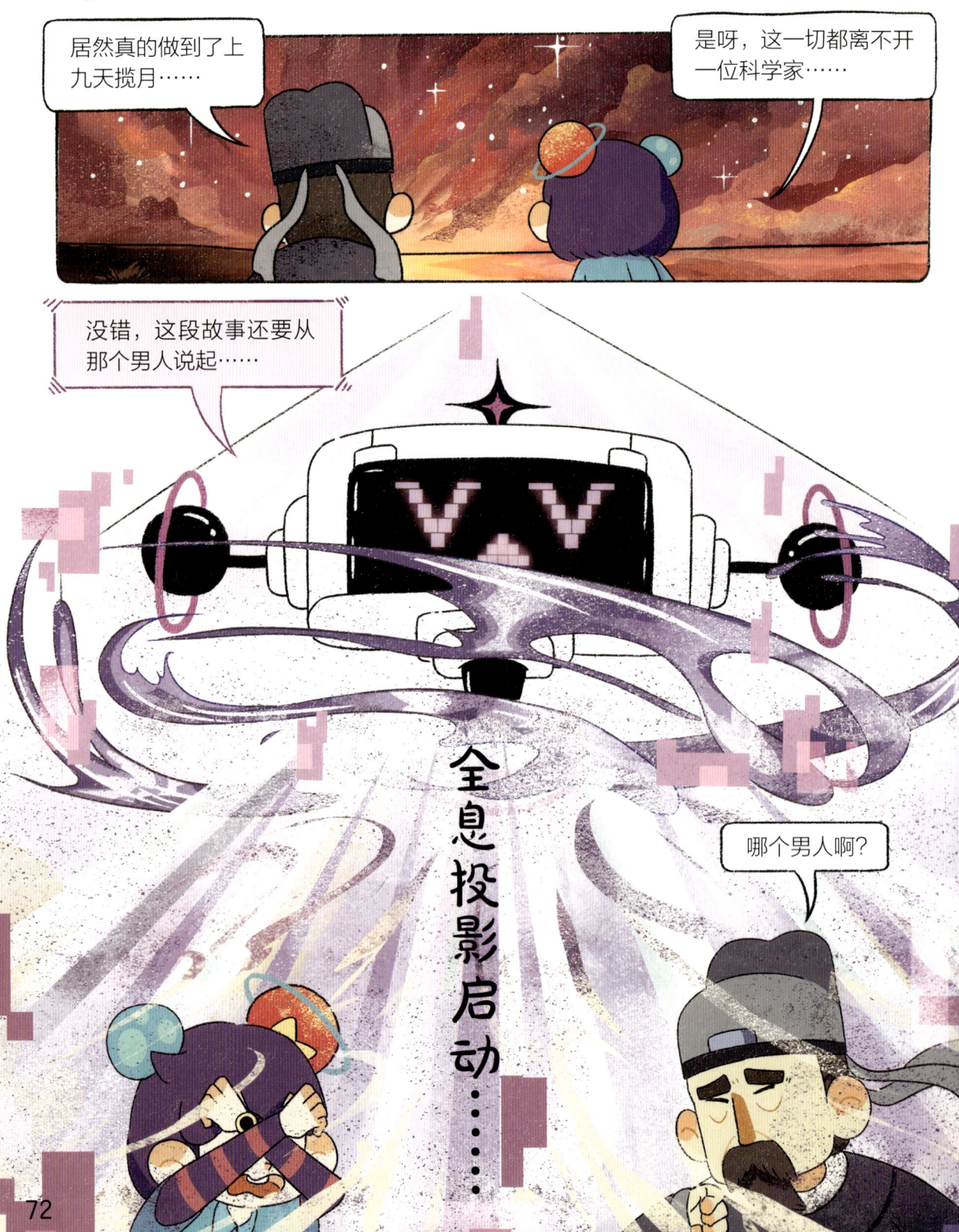

居然真的做到了上九天揽月……

是呀,这一切都离不开一位科学家……

没错,这段故事还要从那个男人说起……

全息投影启动……

哪个男人啊?

这是1935年的美国加州理工学院，当时积贫积弱的中国为了学习西方先进的科学技术，选派了一批中国学生到海外留学。

有几位青年为了研究火箭甚至差点儿炸掉了自己的宿舍，同学们笑称"火箭俱乐部"为"自杀俱乐部"。

其中，有一位矢志不渝的中国人，他就是——

钱学森

钱学森刻苦学习，发表了很多有关火箭的论文，也从学生成长为了老师。在美国军方的支持下，他和老师冯·卡门一起参与建立了"喷气推进实验室"。

第二次世界大战即将结束之时，钱学森作为美国派出的科学咨询团成员赶往德国，了解德国先进的火箭技术，并协助美军把相关人员档案、资料和仪器运回美国。这就是"回形针行动"。

回形针行动后，美国的火箭技术突飞猛进，但这时的钱学森心中只有一个念头，那就是回国。那时新中国刚刚成立，百废待兴，他已经迫不及待，想要回国为自己的祖国作贡献。

美国人称钱学森"一人能抵得上五个师"，担心他回国后会成为自己强大的对手，因此，钱学森不仅被明令禁止回国，甚至还被监视关押了15天。但是，无论是美国的优渥条件还是恐吓威胁，都没能动摇钱学森报效祖国的信念。在多方不懈努力之下，他终于登上了回国的轮船……

就这样，钱学森终于回到了朝思暮想的祖国，他要帮中国研发导弹和火箭。但是当时的中国，连拖拉机都造不出来，真的能造出火箭来吗？

> 外国人能搞的，难道中国人不能搞？中国人比他矮一截？

在钱学森之外还有一群人，他们是曾经在抗美援朝战场上取得胜利的志愿军。战争胜利后，他们秘密奔赴茫茫戈壁沙漠，建设我国的原子弹和导弹实验基地。

他们计划在沙漠中建造一座城,要在这座城中研制出中国第一枚导弹和原子弹。但戈壁滩自然条件恶劣,食物紧缺,科研条件落后。

为了共同的理想,大家同吃同住,一起解决问题。

没有电脑,科研人员就用手摇计算机或算盘一点儿一点儿算。

有时要精确计算某个数值,需要科研人员日夜三班倒不停地算,算完的纸带子一捆捆地放入麻布包中,从地板摞到天花板,可以堆满一屋子。

冲出地球

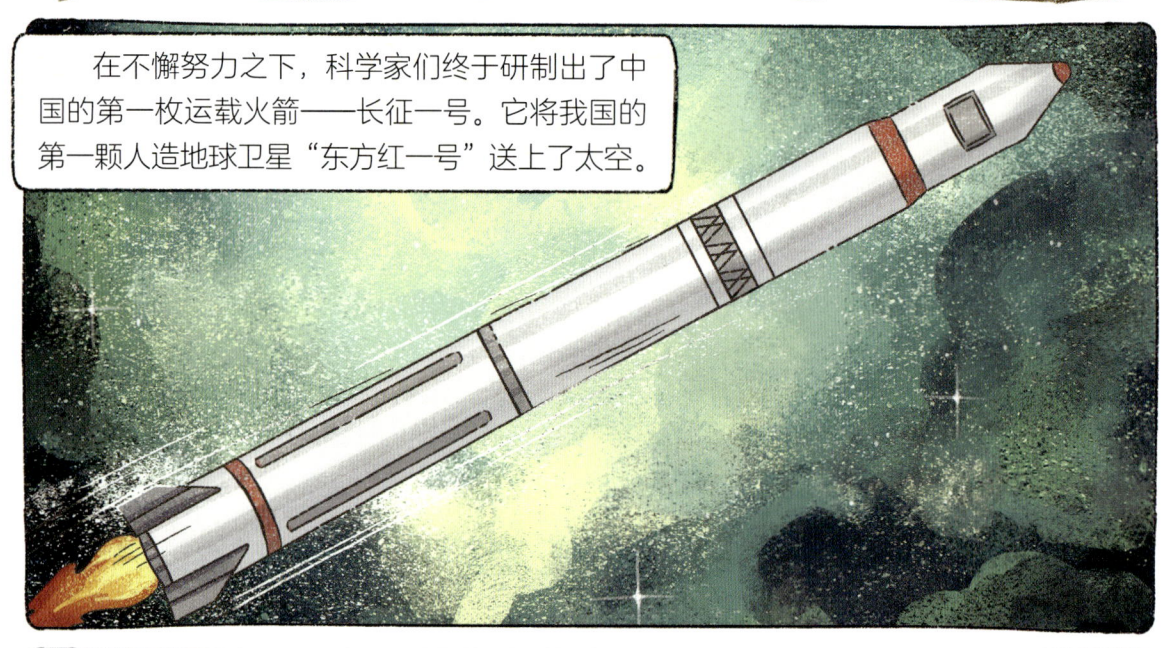

在不懈努力之下，科学家们终于研制出了中国的第一枚运载火箭——长征一号。它将我国的第一颗人造地球卫星"东方红一号"送上了太空。

东方红一号在宇宙中第一次留下了来自中国人的信息——《东方红》乐曲。至今，它仍在轨道上默默地运行着……

嘀——嘀——

这就是中国第一枚火箭和第一颗卫星诞生的过程。

原来如此，真不简单。

您在想什么呢?

我在想……

假如把老夫送上太空,第一个上天的就是老夫了!嘿嘿嘿……

哦?小心您也变成烟花哦。

飞天，乃是我中华民族千年的梦想。万一我能成功呢？

谁说不是呢。

东方红——

太阳升——

81

总 策 划：军工宏图 AERO-PROSPECT COMMUNICATION

项目执行：灌木 bushes

总 顾 问：张　涛、熊　攀

总策划人：蔡金曼、王晓宁、黎贯宇

项目指导：付依文、李　薇、常　坚

创作指导：杨　璐、张　未、李　仪、张　旺、赵润也

统筹执行：傅东姣

文字创作：崔安民、傅东姣

美术创作：李　默、韩　悦